LEÇONS

SUR

LES LOIS ET LES EFFETS DU MOUVEMENT.

LEÇONS

SUR

LES LOIS ET LES EFFETS

DU MOUVEMENT,

PAR M. REYNARD,

Ingénieur en chef des Ponts et Chaussées,
Président de la Société d'Émulation du département
de l'Allier.

—

Publication de la Société d'Émulation de l'Allier.

MOULINS

IMPRIMERIE DE C. DESROSIERS.

1866

ERRATA

—

Page 8, renvoi au bas, *au lieu de* (2), *mettez* (1).
Page 12, ligne 12,   —   M, — *m.*
Page 15, 1ᵉʳ renvoi au bas   — voir la note *D, mettez* voir la
                                note *C.*
   Id.   2ᵉ renvoi au bas, *au lieu de* voir la note *C , mettez*
                                voir la note *D.*
Page 17, ligne 14, *au lieu de* (1), *mettez* (2).
Page 29, ligne 11,   —   B,   —   R.
Page 33, ligne 2,   —   N *p*, —   N P.
   —   ligne 7,   —   id   —   id.
Page 102, ligne 6,   — le groupe, — les groupes.

———

LEÇONS

SUR

LES LOIS ET LES EFFETS DU MOUVEMENT.

INTRODUCTION.

L'étude des sciences physiques, appuyée sur la méthode expérimentale et éclairée par la science du calcul, est parvenue aujourd'hui à un sommet assez élevé, pour qu'il soit possible au savant d'embrasser d'un coup d'œil l'ensemble des choses du monde matériel. Cette vue lui montre tous les faits, ou presque tous les faits, unis par un même lien, et lui fait comprendre nettement et sûrement, comment ils résultent de la constitution que l'auteur des choses a donnée à la matière et des lois par lesquelles il a réglé les mouvements des corps. C'est là un spectacle admirable de grandeur et de simplicité.

Mais faut-il absolument être savant pour le contempler? Est-il indispensable, par exemple, d'être

géomètre, physicien et chimiste, de connaître le calcul intégral et les moyens d'analyser les corps, pour
concevoir comment il se fait que la force d'attraction
ne précipite pas les planètes sur le soleil et les oblige
à tourner régulièrement autour de lui, et pour comprendre comment les êtres animés de la terre reçoivent du soleil toute leur puissance de mouvement ?
Je ne le pense pas. Je crois qu'il est possible de
montrer, sans géométrie, sans équations algébriques,
sans formules chimiques, par de simples raisonnements, comment les grands phénomènes de la nature
résultent d'un très petit nombre de faits primordiaux
et d'une loi de mouvement que l'observation a cons-
tatée, et qui ne paraissent pas avoir d'autre raison
d'être qu'une volonté première.

Vulgariser ainsi les grandes idées générales que
tous les savants doivent avoir maintenant sur les rapports des causes, c'est offrir à tout le monde un magni-
fique objet de contemplation et de méditation.

Mais je crois que la vulgarisation des principes et
des faits généraux des sciences doit avoir en outre
une très grande utilité au point de vue de l'économie
des forces de l'intelligence humaine. Les idées fausses
qui s'établissent spontanément, ou par tradition, dans
l'esprit des hommes, sont la cause de grandes pertes
de force, parce que la puissance de l'intelligence, mal
dirigée, reste sans effet ou se consomme inutilement
à la poursuite de l'impossible.

Pourquoi ne pas faire en sorte que les idées vraies
(Je veux dire les idées acceptées comme vraies par la

science) soient les idées communes. La vérité, qui est toujours plus simple, plus rationnelle, plus belle que l'erreur, pourra s'établir plus facilement et avec moins de fatigue pour l'intelligence. Elle devrait être installée dans l'esprit dès l'enfance, avant que l'erreur ait pu envahir la place. Elle serait presentée alors comme reconnue et indubitable, et les preuves en seraient fournies plus tard, avec plus ou moins de développement, suivant le degré et la nature de l'instruction qui serait donnée à chaque homme. Les idées reçues par la science seraient ainsi enseignées comme une foi religieuse. La foi enseignée est d'abord acceptée de confiance dans le premier âge de l'homme, et plus tard la raison en examine les preuves.

Je crois que si tous les hommes avaient ainsi, sur les actions matérielles, les idées les plus justes que la science a pu établir jusqu'à ce jour, la puissance de l'esprit humain serait bien augmentée.

Dans cette pensée, je me propose d'essayer une exposition des lois du mouvement et des principes généraux de la mécanique, faite à l'aide de raisonnements très simples, sans supposer au lecteur aucune connaissance mathématique, et de faire ensuite l'application de ces lois et principes aux phénomènes de la nature, en montrant comment la puissance de mouvement qui a été mise dans le monde, agit, se divise, se communique et se transforme, pour régler les mouvements des corps, donner la force aux êtres animés et produire ces effets de son, chaleur, lumière, etc., dont nos sens sont diversement affectés.

Les démonstrations de cet essai n'auront peut être pas toute la généralité, toute la rigueur des démonstrations mathématiques ; mais je crois qu'elles feront mieux sentir le pourquoi des choses.

Lorsque ces démonstrations nécessiteront des explications et des développements qui pourraient empêcher de suivre facilement, à une première lecture, l'ensemble de l'exposition , je les détacherai, pour les présenter dans des notes séparées, dont on pourra ne prendre connaissance qu'à une seconde lecture.

Malgré cette précaution, je vois un écueil à l'entrée de la route dans laquelle je veux m'engager. Je suis obligé de commencer par les définitions du mouvement et de la force, par l'établissement des principes et des lois qui règlent leurs effets, par l'indication des moyens de mesurage et de calcul, etc., choses toutes peu attrayantes et dont la conception nécessite un certain travail d'esprit. Les difficultés des premiers pas et l'aridité du premier terrain à parcourir ne vont-elles pas décourager et empêcher de me suivre ? Je demande qu'on ne se laisse pas ainsi effrayer, et qu'on apporte un peu de bonne volonté, d'attention et de persévérance pour franchir les difficultés de la première partie du chemin, et je promets que notre marche deviendra bientôt facile, sera soutenue par l'intérêt et nous conduira à la vue de magnifiques horizons.

PREMIÈRE LEÇON.

—

Les principes.

1. *Définition du mouvement.* — Un corps matériel est en mouvement quand il occupe successivement différentes positions dans l'espace.

2. *Inertie de la matière.* — Il faut une cause pour qu'un mouvement se produise, et quand il a été produit, il ne peut pas être modifié sans cause.

3. *Mouvement rectiligne et uniforme.* — Quand toute cause a cessé d'agir, le mouvement primitivement donné à un corps, subsiste, sans changer de direction ni de grandeur ; c'est-à-dire qu'il se fait en ligne droite et que la même distance est toujours parcourue dans le même temps. Le mouvement est alors rectiligne et uniforme.

4. *Vitesse du mouvement.* - Dans le mouvement uniforme, la vitesse du corps est la distance parcourue dans l'unité de temps. On prend ordinairement la seconde pour cette unité. Ainsi un corps qui parcourt régulièrement 5^m dans chaque seconde, a une vitesse de cinq mètres.

5. *Mouvement varié.* — Quand un corps est soumis à l'action d'une cause de mouvement, son mouvement est en général continuellement modifié en direction et en grandeur. A un instant déterminé, la direction de ce mouvement et sa vitesse sont celles du mouvement rectiligne et uniforme qui subsisterait si la cause de modification cessait d'agir, à partir de cet instant. (1)

6. *Nature des causes de mouvement ou forces.* — Quelles sont les causes qui produisent ou modifient le mouvement ? Il ne paraît pas en exister d'autres que les tendances à se rapprocher ou à s'écarter les unes des autres, auxquelles le créateur a assujetti les plus petites parties ou atômes de la matière, tendances dont il a fixé les règles. (2)

On donne le nom de forces à ces tendances. Pour avoir une idée sensible d'une force , on peut se la figurer comme quelque chose qui tire ou pousse un corps.

7. *Lois fondamentales de l'action des forces.* — Les faits prouvent que les grandeurs des forces ne changent pas avec le temps, et qu'elles ne changent qu'en raison des distances qui séparent les parties de matière qui agissent les unes sur les autres.

Mais la principale règle à laquelle ont été soumises les tendances de la matière ou forces, est de s'exercer toujours d'une manière complètement indépendante. Je veux dire que lorsque plusieurs forces agissent ensemble , chacune produit séparément tout son effet, comme si elle agissait seule, et que le mouvement est le résultat de l'ensemble de tous les effets produits.

Considérons un corps M (fig. I) soumis en même temps à deux tendances ou forces. L'une , si elle était seule , porterait le corps de M en A pendant un certain temps ; l'autre, si elle était seule, le porterait de M en B, dans le même temps. Eh bien , pour savoir où sera porté le corps sous l'action simultanée des deux forces , toujours dans le même temps, on peut supposer qu'il a fait d'abord l'un des deux

(1) Ces premières notions sur le mouvement seront plus développées au commencement de la cinquième leçon.

(2) Voir la note A.

chemins M A, ou M B, par exemple M A, et qu'arrivé alors au point A, il a fait ensuite un chemin A C de même direction et même grandeur que le chemin M B. Le point C sera le point où le corps sera porté, lorsque les deux forces agiront ensemble. Pour arriver à ce point, il ne suivra effectivement ni le chemin M A C ni le chemin M B C, mais le chemin intermédiaire M C. Cependant le résultat sera le même que si les deux chemins M A et M B avaient été faits. Chaque force aura réellement accompli son effet d'une manière complète, comme si, pendant une infinité d'espaces de temps infiniment petits, le mobile avait obéi tantôt à l'action de l'une des forces, tantôt à l'action de l'autre.

On voit que le chemin M C, qui est réellement parcouru, est la diagonale du parallélogramme construit sur les chemins M A et M. B que chaque force ferait parcourir séparément au mobile.

Au lieu de deux forces, s'il y en a un nombre quelconque, la même règle d'indépendance d'effets s'appliquera toujours : on aura le résultat de l'action simultanée de toutes les forces, en supposant que, pendant la durée de cette action, tous les effets se sont produits successivement, les uns après les autres.

8. *Composition de plusieurs forces en une seule.* — Les deux forces qui feraient parcourir séparément les chemins M A et M B, faisant ensemble le même effet qu'une seule force qui ferait parcourir le chemin M C, celle-ci peut-être prise à la place des deux autres. Elle est leur résultante. S'il y en a une troisième (fig 2) qui ferait parcourir seule le chemin M D, on pourra la combiner avec la résultante des deux premières, et toutes les trois pourront être remplacées par une force unique, qui ferait parcourir la distance M E. On fera de même pour une quatrième, une cinquième force, etc. On peut donc toujours trouver facilement la résultante d'un nombre quelconque de forces appliquées au même point

d'un mobile , c'est-à-dire une force unique qui ferait seule le même effet que toutes les autres agissant ensemble.

Cette composition ou transformation très-simple de plusieurs forces en une seule , est une conséquence de l'indépendance des effets des forces. Elle ne serait pas exacte , si cette indépendance n'était pas vraie. (1) Cependant il n'est pas possible de démontrer que l'indépendance des effets des forces est une vérité nécessaire , comme celle d'une proposition de géométrie. C'est une loi de la nature, dont l'exactitude est certainement prouvée , mais n'est prouvée cependant que par l'expérience , qui montre que, dans le monde, tous les faits de mouvement sont conformes à cette loi. Une autre loi pourrait avoir été établie, et d'autres faits auraient suivi. Si celle qui existe n'est pas nécessaire , elle ne peut être que résultat d'une volonté, et elle manifeste l'existence de celui qui a voulu ce qui est, plutôt qu'autre chose.

D'autres conséquences très simples peuvent être déduites de la loi de l'indépendance des effets des forces :

9. *Proportionnalité des vitesses aux forces.* — Deux forces égales , agissant dans la même direction , doivent faire deux fois l'effet d'une seule force, c'est-à-dire imprimer à un corps une vitesse double , trois forces égales doivent imprimer une vitesse triple , etc.

10. *Proportionnalité des vitesses aux temps.* — La vitesse ajoutée à un corps par une force, dans sa direction, doit, en vertu de la loi dont nous nous occupons , être indépendante de celle que le corps a précédemment reçue dans la même direction. Par conséquent , quand une force agit sur un corps, la vitesse imprimée doit croître de la même quantité dans tous les intervalles de temps égaux. C'est ce qui se vérifie dans la chute des corps : un corps en tombant, c'est-à-dire en obéissant à la tendance qui le porte vers la terre ,

(2) Voir la note *B*.

acquiert dans la première seconde une vitesse de 9^m. 81 ; ce qui veut dire que si la force qui l'attire vers la terre était alors supprimée, il continuerait à se mouvoir d'un mouvement uniforme avec une vitesse de 9^m 81 par seconde ; mais si la force continue d'agir, il aura, après une nouvelle seconde, une vitesse double de 19^m. 62, après une troisième seconde, une vitesse triple de 29^m. 43, etc.

11. *Rapport entre les forces et les quantités de matière ou masses mises en mouvement.* — Si deux corps, dont l'un contient deux fois plus de matière que l'autre, prennent le même mouvement, il faut évidemment que la force qui agit sur l'un soit double de celle qui agit sur l'autre; car le corps double peut être considéré comme formé de deux parties égales, à chacune desquelles devra être appliquée la même force, pour qu'elles prennent toutes les deux le même mouvement. Il faudra de même une force triple, pour donner ce mouvement à une quantité de matière triple, etc.

Par conséquent, si l'on double, triple, quadruple, etc., la quantité de matière, sans changer la force, le mouvement sera le même que si l'on avait réduit la force à la moitié, au tiers, au quart, etc.

Comme la tendance en vertu de laquelle les corps se précipitent sur la terre, tendance que l'on nomme pesanteur, donne le même mouvement à tous les corps, il faut, d'après ce que nous venons de voir, que cette force de pesanteur soit proportionnelle aux quantités de matière, qu'elle soit double pour le double de matière, triple pour une quantité de matière triple. La quantité de matière que renferme un corps se nomme sa masse.

12. *Mesure des masses et des forces.* — Deux masses égales abandonnées à l'action de la pesanteur, devront produire les mêmes effets, par exemple se faire équilibre dans les plateaux d'une balance. Les masses, et par conséquent les forces de pesanteur, seront donc égales quand les poids

seront égaux. On peut alors prendre les poids pour mesurer les masses et les forces de pesanteur. Ainsi, en prenant pour unité de masse celle d'un corps pesant un kilogramme , celle d'un autre corps sera exprimée par le même nombre que son poids.

Ce nombre exprimera également la force de pesanteur appliquée à ce corps, si on prend pour unité de force celle que la pesanteur exerce sur un kilogramme de matière , c'est-à-dire sur l'unité masse.

Un corps pesant , par exemple , 10 kilogrammes , aura une masse égale à 10 unités de masse et sera soumis par la pesanteur à 10 unités de force.

13. *Résumé des principes.* — Avant de poursuivre cette étude , je vais répéter brièvement les principes que je viens d'établir, parce qu'il importe qu'ils nous soient toujours présents.

I. Quand aucune cause n'agit plus pour modifier le mouvement qui a été primitivement donné à un corps , ce mouvement se fait en ligne droite et avec une vitesse constante.

II. Tous les faits de mouvement qui se passent dans le monde prouvent :

1° Que les grandeurs des forces sont immuables , quant au temps , et ne varient qu'en raison des distances qui séparent les parties de matières agissantes ;

2° Que ces forces agissent indépendamment les unes des autres , c'est-à-dire produisent ensemble les mêmes effets que si elles agissaient séparément.

III Plusieurs forces appliquées au même point d'un corps peuvent être remplacées par une seule , qu'on appelle leur résultante.

IV La vitesse donnée ou ajoutée à un corps , en un certain temps , par une force , dans la direction de cette force , est proportionnelle à la grandeur de la force.

V. Une même force ajoute à un corps des vitesses égales dans des temps égaux.

VI La force de pesanteur d'un corps est proportionnelle à sa masse, c'est-à-dire à la quantité de matière qu'il renferme.

VII Nous prendrons pour unité de masse celle d'un corps pesant un kilogramme. La masse d'un corps sera ainsi exprimée par son poids en kilogrammes.

VIII Nous prendrons pour unité de force celle qui fait tomber un poids d'un kilogramme. Alors le poids d'un corps en kilogrammes, qui exprime sa masse, exprimera aussi la force avec laquelle la pesanteur agit sur ce corps.

IIe LEÇON.

—

Travail des forces.

14. *Définition du travail mécanique.* — On nomme travail mécanique l'effet qui est produit quand un mobile auquel une force est appliquée, est entrainé en sens contraire de la direction de cette force. Ainsi , quand un poids est élevé , il y a un travail mécanique effectué , parce que la tendance de la pesanteur est au contraire d'abaisser le poids.

Un tel effet résulte ordinairement de ce qu'une force a marché dans le sens même de sa direction. Si nous avons deux forces égales F et F′ (fig 3.) agissant sur le mobile M, quand ce mobile aura été déplacé de *m* en *n* , il y aura un travail mécanique effectué sur la force F′, parce que le corps *m* aura été entraîné de la quantité *m n* en sens contraire de la direction de cette force ; mais il y aura en même temps un travail fait ou dépensé par la force F, parce que le mobile aura marché dans la direction même où celle-ci le sollicite.

La même chose a lieu si on suppose une force F, (fig. 4) liée à un poids égal, par un cordon passant sur une poulie. Quand la force F fera le chemin *m n*, le poids montera d'une quantité égale *m′ n′*, et il sera fait , sur ce poids, un travail égal au travail qui sera fait par la force F.

Un travail fait par une force peut encore être considéré comme la consommation d'une partie de la puissance d'action de cette force ; car si la force F, (fig 3.) ne peut agir que jusqu'au point A, que je supposerai , par exemple , éloigné de 15^m du point m. quand un chemin $m\,n$ de 5^m aura été fait , la force F aura dépensé le tiers de sa puissance. Le travail mécanique égal qui sera fait sur la force F', sera au contraire un gain de puissance ; car cette force , qui ne pouvait agir que de m en A', je le suppose, pourra, après le mouvement , agir sur une distance plus grande n A'. La même chose aura lieu pour le poids P de la figure 4. Ce poids qui ne pouvait descendre , je le suppose, que de la hauteur m' A'. pourra maintenant descendre de la hauteur plus grande n' A'.

15. *Mesure du travail mécanique.* — Un travail mécanique effectué sur une force , ou fait par une force , en d'autres termes , un gain ou une perte de puissance se mesure en multipliant la grandeur de la force par la longueur du déplacement ; car il est clair que le travail d'une force égale à 10 kilogrammes par exemple , sera 10 fois plus fort que le travail d'une force de 1 kilog ; que le travail correspondant à un déplacement de 5^m , sera cinq fois plus fort que le travail correspondant à un déplacement d'un mètre , et qu'ainsi le travail d'une force de 10 kilogrammes avec déplacement de 5^m , vaudra 50 fois le travail d'une force d'un kilogramme avec déplacement d'un mètre. Un poids d'un kilog. élevé à un mètre de hauteur est alors l'unité , c'est-à-dire le terme de comparaison , que l'on prend pour mesurer un travail mécanique. On la nomme un kilogramètre. Notre force de 10 kilog , en faisant avancer le mobile auquel elle est appliquée de 5^m dans sa direction . dépensera une puissance de 50 kilogramètres et devra produire un travail mécanique égal. Une force de 2 kilogrammes avec déplacement de 25^m , dépenserait la même puissance et devrait produire le même travail de 50 kilogramètres. Il en serait de même d'une force de 25 kilog. avec déplacement de deux mètres , d'une force de 12 kilog et demi avec déplacement de 4^m. etc.

16. *Compensatinn d'effets dans les actions des forces.* — Dans les deux exemples des figures 3 et 4, on voit manifestement que le travail fait par la force F est égal au travail effectué sur la force F' ou sur la force P, qu'il y a compensation entre la perte de puissance de la force F et le gain de puissance de la force F' ou de la force P, parce que les forces sont égales et agissent directement l'une sur l'autre. Nous verrons bientôt qu'une compensation semblable doit toujours avoir lieu, quels que soient le rapport de grandeur et le mode de liaison des forces.

17. *Puissance mécanique de la vitesse d'un corps.* — Cependant il semble que cette compensation n'a pas lieu dans le cas où des forces agissent librement, dans le cas, par exemple, où il n'y a qu'une seule force F, (fig 5) appliquée à un mobile *m* ; puisque lorsque le mobile *m* aura été transporté de *m* en *n* par la force, une partie de la puissance de cette force aura été consommée, sans qu'elle ait été remplacée par l'accroissement de puissance d'une autre force. C'est que dans ce cas, il y aura un autre effet produit ; ce sera la vitesse imprimée au mobile pendant le parcours de la distance *m n*. Cette vitesse sera l'équivalent d'un gain de puissance par une autre force ; elle sera capable de rendre la puissance consommée par la force F, de produire le nombre de kilogramètres représentant cette puissance.

Pour concevoir comment une vitesse imprimée à un corps représente un travail mécanique et peut le produire, il faut remarquer que sa puissance d'effet ne pouvant pas dépendre de sa direction, on peut la supposer dirigée de bas en haut Dans ce cas, elle élèvera le corps auquel elle sera imprimée et fera ainsi monter le poids de ce corps, contre l'action de la pesanteur, tant qu'elle n'aura pas été complètement détruite par cette action, c'est-à-dire jusqu'à une certaine hauteur, qui dépendra de sa grandeur. Elle produira ainsi, en disparaissant elle-même, un certain travail mécanique , qui sera mesuré , en kilogramètres , par le poids du corps multiplié par la hauteur à laquelle la vitesse pourra le faire monter.

En tenant compte ainsi de la puissance représentée par la vitesse du corps , il y a toujours compensation exacte entre la puissance dépensée et la puissance gagnée, quand il y a déplacement d'un mobile sous l'action de deux forces égales ou inégales , ou même d'une seule force. Pour bien le montrer , j'ai présenté ces notions sur le travail des forces d'une manière un peu différente et un peu plus développée , dans une note, dont il conviendra de prendre connaissance , au moins à une seconde lecture. (1)

18. *Evaluation de la puissance due à la vitesse d'un corps.* — Nous venons de dire que pour évaluer le travail mécanique que représente la vitesse d'un corps et qu'elle peut produire elle-même , en disparaissant , il faut multiplier le poids du corps par la hauteur à laquelle sa vitesse pourrait le faire monter contre l'action de la pesanteur ; mais comment trouvera-t-on cette hauteur ? La règle est très simple :

On multipliera le nombre qui exprimera la vitesse en mètres par lui-même , ce qui s'appelle en faire le carré , et on divisera ce carré par le nombre 19, 62, qui est le double de la vitesse 9^m 81 que la pesanteur imprime aux corps dans une seconde. Ainsi un corps animé d'une vitesse de 12^m pourra s'élever contre la pesanteur à 7^m 34 de hauteur, parce que 12 fois 12 divisé par 19, 62 donne 7, 34.

Quoique la raison de cette règle soit très-facile à voir , je crois convenable d'en renvoyer l'explication à une note , afin d'interrompre le moins possible la suite de mon exposition. (2)

(1) Voir la note *D*.
(2) Voir la note *C*.

Ayant la hauteur à laquelle correspond une vitesse , on hura , comme je l'ai dit , la puissance de travail du corps animée de cette vitesse , en multipliant cette hauteur par le p oids du corps.

Faisons comme exemple le calcul de la puissance mécanique d'un boulet de canon de 8 kilogrammes , qui part avec une vitesse de 400^m par seconde. Il faut multiplier 400 par 400, diviser le produit par 19, 62, et multiplier par 8. Le ré sultat 65 240 indique que la puissance de travail de cè boulet serait de 65 240 kilogramètres ; c'est--dire à peu près égale au travail qu'il faudrait faire pour élever 65 mètres cubes d'eau à un mètre de hauteur.

On trouvera de même qu'un convoi de wagons pesant 200,000 kilog et marchant avec une vitesse de 20^m par seconde, a une puissance de 4, 077,500 kilogramètres. Le travail qu'il a fallu faire pour lui donner sa vitesse de 20^m a donc été de plus de quatre millions de kilogramètres , et il peut rendre cette quantité de travail, en perdant sa vitesse.

19. *Loi générale de la conservation de la puissance ménanique.* — La compensation entre les puissances mécaniques perdues ou gagnées dans un mouvement, soit par suite des déplacements des mobiles, soit par suite des augmentations ou diminutions de leurs vitesses , qui se voit assez simplement dans le cas de deux forces égales ou inégales agissant en sens opposé sur un seul mobile, a lieu pour tout assemblage de corps et de forces. C'est là une loi de mécanique très-générale , très-importante et extrêmement remarquable, sur laquelle j'appelle toute l'attention.

Supposons un système aussi compliqué qu'on voudra de corps en mouvement, libres ou liés entr'eux d'une manière quelconque et soumis à des forces provenant soit de leurs actions réciproques , soit de tendances vers des points extérieurs ; si on calcule, pour un mouvement quelconque , petit ou grand , général ou partiel , les quantités de puissance perdues ou gagnées par suite des déplacements , et les quantités de puissance perdues ou gagnées par suite des changements de vitesse descorps , on trouvera toujours une compensation exacte pour l'ensemble du système , autant de kilogramètres gagnés que de kilogramètres dépensés. La puissance de travail ou de mouvement que le créateur a mise dans la matière , est donc impérissable comme la matière elle-même.

Cette loi de la conservation de la puissance mécanique n'est qu'une conséquence du principe fondamental de l'indépendance des effets des forces (1). On peut le faire voir sans calculs mathématiques ; mais la démonstration que je crois pouvoir en donner de cette manière , exige des développements, que je dois renvoyer aux notes justificatives (1)

20. *Calcul du travail d'une force dans le cas où l'intensité de cette force et sa direction ou celle du mouvement sont variables.* — Ici je me bornerai à donner quelques explications sur la possibilité de faire le calcul des puissances perdues ou gagnées , malgré les variations de grandeur et de direction des forces , et sur la manière de mesurer les déplacements dont l'évaluation sert à établir les calculs.

Nous avons vu que la puissance d'une force s'obtient en multipliant le nombre qui exprime la grandeur de cette force par celui qui exprime la longueur du déplacement qui peut se faire dans sa direction ; que pour les forces de pesanteur, par exemple , cette puissance s'évalue en faisant le produit du poids du corps par la hauteur dont il peut descendre. Mais il arrive souvent que la force change de grandeur à mesure que le corps auquel elle est appliquée change de place. Ainsi quand un aimant attire un autre aimant ou un

---

(1) Et bien entendu de celui de l'immutabilité des forces avec le temps. Ces deux principes ont été établis au n° 7.

(2) Voir la note *E*.

morceau de fer , la force d'attraction augmente considérablement par le rapprochement. Les actions qui ont lieu entre les corps célestes, changent de même avec les distances
qui séparent ces corps. Il arrive souvent aussi que la direction de la force et celle du mouvement varient avec la position du corps. Dans ces différents cas , pour évaluer la
puissance perdue ou gagnée , il faudrait diviser le déplacement en une infinité de très petites parties , pour chacune
desquelles la force aurait une valeur différente , et faire une
infinité de petits produits qu'on ajouterait entr'eux. Il semble que c'est là une opération impossible ou impraticable.
Cependant la science a appris à la faire. De semblables opérations sont le principal objet d'une branche des mathématiques qu'on appelle le calcul intégral. Dans la géométrie élémentaire elle-même , c'est par des opérations de même nature qu'on obtient certaines mesures. Ainsi la surface du
cercle s'obtient en le considérant comme formé d'une somme infinie de petites surfaces triangulaires infiniment petites.

21. *Manière de mesurer les chemins faits dans les direc ·
tions des forces.* — En général un corps en mouvement ne
suit pas la direction de la force qui le sollicite , parce qu'il
peut avoir reçu primitivement une vitesse dans une autre
direction , ou parce qu'il est en même temps soumis à plusieurs forces de directions différentes. Comment doit alors
être mesuré le déplacement du point d'application d'une
force pour évaluer la quantité de puissance perdue ou gagnée par suite du déplacement ?

Supposons que M F, (fig 6) soit la direction de la force
appliquée à un mobile M, et que M C soit la direction réellement suivie par ce mobile. Quand il sera transporté de M en *n*,
le chemin fait dans la direction de la force, celui par lequel
il faudra multiplier la grandeur de la force pour évaluer la
puissance consommée , ne sera pas le chemin M *n* ; ce sera

le chemin M p, que l'on trouvera en abaissant la perpendiculaire n p sur la direction de la force. On voit bien en effet, par la construction du parallélogramme rectangle M q n p, qu'il n'a été obéi à la force que de la quantité q n, qui est égale à M p, quoique le chemin réellement fait soit M n. Le mobile M n'est effectivement tombé (je me sers de ce mot par analogie) que de la longueur M p , dans la direction M F ou n F' de la force. (1)

Quand la direction du mouvement est perpendiculaire à celle de la force, (fig. 7) le chemin fait dans cette direction de la force est nul ; et il n'y a ni consommation ni gain de puissance.

Quand la direction du mouvement fait un angle obtus avec celle de la force, (fig. 8) le déplacement M p est fait en sens contraire de la direction de la force. Il procure à cette force le moyen de s'exercer , de travailler sur une plus grande longueur. Il y a par conséquent gain au lieu de consommation de puissance.

Il importe que tout cela soit bien compris. On doit bien le concevoir en en faisant l'application à la pesanteur. Quand un corps pesant marche dans une direction inclinée , la hauteur dont il s'élève verticalement est un chemin fait en sens contraire de la direction de la pesanteur , qui donne lieu à un accroissement de puissance. Si, dans son mouvement incliné , le corps s'abaisse au lieu de monter , il y a un chemin fait dans le sens de la force et par conséquent de la puissance consommée. Si le mouvement se fait horizontalement , c'est-à-dire s'il n'y a ni élévation ni abaissement , il n'y a ni perte ni gain de puissance.

22. *Importance de la loi de la conservation de puissance mécanique.* — La loi de la conservation de la puissance de

---

(1) Cette règle d'évaluation du travail des forces résulte d'ailleurs de la démonstration donnée [dans la note *E*.

travail ou de mouvement a une si grande importance et une si grande fécondité pour l'explication de tout ce qui arrive dans le monde, que je dois insister et tâcher de la faire bien comprendre par des exemples.

23. 1*er exemple*. Considérons un corps qui, au point A(fig.9) a été lancé en hauteur dans une direction inclinée. Nous savons , par l'expérience , que ce corps montera et descendra ensuite , en décrivant dans l'espace une courbe A B C D. Si la vitesse avec laquelle le corps a été lancé au point A, a été de 15^m par seconde , la puissance de travail correspondant à cette vitesse , calculée en divisant le carré de 15 par 19,62, sera de 11,47 kilogramètres. (Je suppose pour simplifier les calculs que le poids du corps est d'un kilogramme.) Quand le corps en suivant la courbe qu'il décrira , se sera élevé de 4^m plus haut que le point de départ A, il aura gagné 4 kilogramètres de puissance par l'effet de sa plus grande élévation. Par compensation ; la puissance correspondant à sa vitesse aura dû diminuer de la même quantité , puisqu'il ne doit y avoir aucun changement dans la puissance totale primitive. Elle ne sera plus que de 7,47 kilogramètres au lieu de 11 kilog 47 , et comme une puissance de 7,47 kilogramètres correspond à une vitesse de 12^m 11 , je suis certain que lorsque le corps se sera élevé de 4^m, sa vitesse sera réduite à 12^m 11.

Je trouverai de même que lorsqu'il se sera élevé de 10^m . sa vitesse ne devra plus être que de 5^m 37, parce que la puissance de cette vitesse devra être réduite à 1,47 kilogramètres.

Le corps , après s'être élevé en B au plus haut point de sa course , descendra , en suivant une courbe exactement semblable à celle qu'il aura suivie pour monter et en reprenant successivement les vitesses qu'il avait , aux mêmes hauteurs , en montant ; de telle manière que la puissance de travail restera toujours la même.

Elle sera encore la même quand le corps sera descendu plus bas que le point de départ A. A 10^m au-dessous de ce point, par exemple, la puissance due à la vitesse devra s'être augmentée de 10 kilogramètres, parce que la puissance due à la hauteur du corps au-dessus du sol aura diminué de cette quantité, et qu'il doit y avoir compensation. La puissance due à la vitesse devant être ainsi de 21,47 kilogramètres, cette vitesse, comme il est facile de le calculer, devra être de 20^m 52.

Je dois me hâter de dire que cependant les choses ne se passeront exactement comme je viens de l'exposer, que si le corps est lancé dans le vide ; car s'il est lancé dans l'air, il communiquera du mouvement aux molécules d'air qu'il rencontrera, et devra perdre en puissance de travail toute celle qu'il communiquera à ces molécules. Sa puissance totale diminuera réellement peu à peu, et les vitesses seront un peu plus faibles que celles que nous avons calculées. Mais cela ne fait que confirmer notre principe. Il n'y aura rien de consommé, rien d'anéanti dans la puissance ; ce qui sera perdu par le corps sera gagné par l'air.

24. *2e exemple.* — Supposons que le corps lancé soit un morceau de fer, et qu'en même temps qu'il sera abandonné à l'action de la pesanteur, il soit soumis à celle de deux aimans fixes. Pour savoir quelle sera sa vitesse en un point quelconque de sa course, il faudra non seulement ôter ou ajouter à la quantité de puissance correspondant à sa vitesse primitive, celle qui résultera de l'élévation ou de la descente du corps par rapport au point de départ ; mais aussi les produits des forces des aimants par les chemins que le corps aura faits dans la direction de ces forces, en se rapprochant ou s'éloignant des aimants, produits qui se composeront, comme nous l'avons expliqué, de nombres infinis de quantités infiniment petites, que la science sait cependant évaluer.

25. *3e exemple.* — Si les aimants sont eux mêmes mobiles et ont été lancés en même temps , on évaluera les puissances consommées ou gagnées dans le mouvement des trois corps , en calculant le travail mécanique effectué sur ou par chaque force , en raison de l'éloignement ou du rapprochement des corps entr'eux et de leur élévation ou de leur abaissement , et en calculant les différences des nombres de kilogramètres représentés par les vitesses de ces corps avant et après les changements de position. On trouvera toujours une compensation exacte.

26. *4° exemple.* — Voici un certain nombre de boules de différentes grosseurs, qui se meuvent dans l'espace avec certaines vitesses , sans être soumises à aucune force ou tendance. Faisons , comme nous l'avons appris , le calcul des kilogramètres correspondant aux masses et aux vitesses de ces boules et ajoutons tous les résultats. Nous aurons une somme de kilogramètres , qui sera la puissance totale du système. Supposons que ces boules , après s'être choquées de mille manières, soient de nouveau séparées. Elles auront , sans doute , toutes changé de vitesse ; mais si nous refaisons alors, au moyen des nouvelles vitesses, le calcul de la puissance totale du système , nous retrouverons exactement la même somme qu'avant les chocs. Nous devons dire , cependant , que cela ne sera vrai que si les boules , momentanément déformées par les chocs , ont repris exactement leurs formes primitives et s'il ne s'est produit en elles aucun mouvement vibratoire ou intérieur , ni aucun mouvement de rotation. Dans le cas contraire , la seconde somme sera plus petite que la première d'une quantité correspondant au travail qui représentera les déformations, les mouvements vibratoires , les mouvements intérieurs et les mouvements de rotation.

27. *5e exemple.* — Pour lancer une flèche au moyen d'un arc , j'exerce sur la corde un effort qui rapproche les deux extrémités de l'arc. Cet effort va croissant depuis le moment où je commence à tirer jusqu'au maximum de la traction que je peux ou que je veux faire : mais il est équivalent à un certain effort moyen et constant, qui, multiplié par la longueur du déplacement que ma main a éprouvé avec le milieu de la corde, donnerait, en kilogramètres, la mesure du travail que j'ai fait. La flèche, en partant emporte ce travail et va l'employer sur le but qu'elle atteint. L'effet produit sur ce but représenterait exactement la puissance mécanique dépensée par ma main, s'il ne s'était rien dépensé en effets étrangers, mais l'arc et sa corde sont restés animés d'un petit mouvement vibratoire, qui correspond à une partie de cette puissance, et la flèche, en s'avançant, a cédé une partie de la puissance qui lui a été donnée aux molécules d'air qu'elle a rencontrées, en leur communiquant de la vitesse. Il faudrait ajouter la puissance de mouvement restée dans l'arc, celle qui est communiquée aux molécules d'air rencontrées et le travail fait par la flèche sur le but, pour retrouver exactement le travail dépensé par ma main.

Si on pouvait connaître la puissance mécanique restée dans l'arc sous forme de mouvement vibratoire, en la retranchant du travail fait par ma main, on pourrait aisément déterminer la vitesse de la flèche au départ. On ferait pour cela un calcul inverse de celui que nous avons fait pour évaluer la puissance d'une vitesse.

28. 6ᵉ *exemple*. — Considérons encore deux masses égales unies par un ressort (fig 10). Si elles sont en repos et si le ressort n'est ni tendu ni comprimé, il n'y aura aucune puissance de travail dans le système. Mais si, par un effort, nous avons, par exemple, rapproché les deux boules l'une de l'autre et si ensuite nous les abandonnons à elles-mêmes, la force de ressort les écartera, en leur imprimant de la vitesse, tant qu'il restera comprimé, c'est-à-dire que les masses ne

seront pas à la distance d'équilibre ; mais à cause de la vitesse acquise , elles dépasseront cette distance et tendront ainsi le ressort. Il en résultera une force contraire à la première , qui détruira peu à peu les vitesses et ramènera ensuite les masses à la distance à laquelle elles avaient été rapprochées ; puis les mêmes effets se reproduiront, et les deux masses oscilleront ainsi indéfiniment , en deça et au-delà de la position d'équilibre.

Ce mouvement oscillatoire , dont nous voyons tous les jours de fréquents exemples, se conçoit sans doute très bien. Dans tous les instants de ses phases , il doit satisfaire à la loi de conservation de la puissance de travail. Si, pour une position quelconque des masses , on calcule la somme de puissance due , soit aux vitesses dont les masses sont animées , soit au travail dont le ressort sera capable, en raison de son état de tension ou de compression , on trouvera toujours une somme exactement égale au travail primitif qu'on aura employé pour rapprocher les deux masses.

Mais on ne trouvera cette égalité parfaite que s'il ne s'est produit aucun effet, aucun mouvement étranger à l'oscillation ; car , si , par exemple , les masses , en oscillant, en rencontrent d'autres et leur donnent de la vitesse , leur système perdra la puissance de travail qu'il communiquera à ces autres masses. Si, au contraire , elles reçoivent, de corps étrangers , des chocs qui augmenteront l'amplitude de l'oscillation , la puissance mécanique du système augmentera : elle représentera un plus grand nombre de kilogramètres.

Il faudra nous rappeler l'exemple de ces deux masses oscillantes, parce que nous y reviendrons plus loin. La considération des puissances inhérentes aux mouvements oscillatoires , nous montrera la cause des plus grands effets dont l'étude a occupé les physiciens.

29. *Résumé.* — Résumons les notions données dans cette leçon sur le travail des forces.

Le travail mécanique effectué sur une force est l'effet qui a lieu quand le corps auquel cette force est appliquée est entraîné contre son action , c'est-à-dire en sens opposé à sa direction. Le travail mécanique fait par une force est l'effet contraire ; celui qui a lieu quand le corps est entraîné dans le sens de la force. Dans ce cas, un travail mécanique représente réellement la consommation d'une partie de la puissance de la force , tandis que dans le premier cas il représente au contraire un gain de puissance ; car il donne à la force la faculté de s'exercer ensuite sur une plus grande distance. Ainsi , quand un poids est élevé , c'est un travail mécanique effectué sur l'action de la pesanteur ; c'est un gain de puissance pour le poids , qui peut alors produire plus d'effet en tombant de plus haut. Quand un poids est au contraire abaissé , c'est un travail mécanique fait par la pesanteur ; une consommation de puissance pour le poids.

Le travail mécanique , c'est-à-dire la perte ou le gain de puissance qui résulte du déplacement d'un corps, se mesure en multipliant la grandeur de la force par la longueur du déplacement fait dans le sens ou en sens contraire de la force. L'unité de cette mesure est alors le kilogramme élevé à un mètre ; on l'appelle un kilogramètre.

La vitesse imprimée à un corps représente un travail mécanique effectué sur une force , par conséquent un gain de puissance, et le corps, au moyen de cette vitesse seule, peut produire le travail qu'elle représente.

La puissance mécanique due à la vitesse d'un corps, c'est-à-dire le nombre de kilogramètres qu'elle représente , se calcule en faisant le carré du nombre qui exprime cette vitesse en mètres , en divisant ce carré par 19 62 et en multipliant par le poids du corps.

Dans le mouvement d'un système de corps soumis à des forces provenant , soit des actions réciproques de ces corps , soit d'actions extérieures, quelle que soit la complication de ce système , il y a toujours et à tout instant , une compensasation exacte entre les quantités de puissance consommées ou gagnées, soit par suite des déplacements des corps dans les directions ou en sens contraire des directions des forces qui les sollicitent, soit par suite des augmentations ou des diminutions des vitesses de ces corps. Le nombre des kilogramètres gagnés est constamment égal au nombre des kilogramètres dépensés.

La puissance de travail ou de mouvement donnée à la matière est donc une chose impérissable, comme la matière elle-même.

Cette puissance peut se communiquer d'un système à un autre système de corps. Elle diminue alors dans le premier; mais le second gagne exactement tout ce que le premier a perdu.

La loi de la conservation de la puissance mécanique est une conséquence des principes d'expérience de l'immutabilité des forces quant au temps et de l'indépendance des effets de ces forces. Cette loi, extrêmement remarquable, a une très grande importance et une très grande fécondité pour l'explication de tous les faits du monde matériel. Nous allons essayer de le voir dans l'étude des faits généraux.

IIIᵉ LEÇON.

—

Effets des machines.

30. *Ce que c'est qu'une machine.* — Une machine est un instrument par l'intermédiaire duquel une force exerce son action sur une autre force. Elle a, en général , pour objet d'établir un rapport de grandeur entre la force qui agit et celle qui résiste ; de faire , par exemple , qu'une force donnée puisse équilibrer ou vaincre une force deux fois , dix fois , cent fois plus grande, etc. Une machine peut encore avoir pour objet de transmettre un mouvement d'un lieu à un autre , ou de changer la direction d'une action , ou d'établir des rapports de vitesse entre des mouvements , de faire, par exemple, qu'un mouvement très lent produise un mouvement rapide. Presque toujours ces différents effets ont lieu en même temps.

Quand un corps pesant en élève un autre par l'intermédiaire d'une poulie et d'une corde, la poulie et la corde forment une machine , qui transmet l'action de la force agissante d'un point à un autre et change sa direction. La machine donne à cette force le moyen d'agir de bas en haut , pour soulever un poids, tandis que sa direction naturelle est de haut en bas ; mais dans cette machine les grandeurs ou intensités de la force qui agit et de la force qui résiste, restent égales et il en est de même des vitesses.

Une barre rigide en bois ou en fer , (fig 11,) qui repose

sur un appui O par un de ses points et qui est sollicitée , à l'un des bouts, par une force agissante A, et à l'autre , par une force résistante R, est une autre machine qu'on appelle un levier. Celle-ci , non seulement transmet l'action de la force A de m en n et en change la direction, mais-elle établit un rapport déterminé entre les vitesses des mouvements, c'est-à-dire entre les grandeurs des déplacements des points d'application m et n des deux forces. Si la distance O m est cinq fois plus grande , par exemple , que la distance O n, le déplacement du point m , dans un petit mouvement de la machine , sera cinq fois plus grand que celui du point n. La machine établit en même temps un rapport entre les grandeurs des forces A et R. Ce rapport est l'inverse de celui des mouvements , comme nous allons le montrer. Ainsi, dans notre exemple, la force A pourra faire équilibre à une force cinq fois plus grande.

31. *Rapport des grandeurs des forces dans les machines en équilibre.* — Dans l'ancien enseignement, qui ne faisait pas dépendre les lois de l'équilibre de celles du mouvement, les effets des machines ne pouvaient être expliqués que par des démonstrations assez laborieuses. L'application de la loi de la conservation de la puissance de travail rend ces démonstrations inutiles ; elle établit tous les résultats d'une manière extrêmement simple.

Soit M, (fig 12) une machine aussi compliquée que l'on voudra , par l'intermédiaire de laquelle une force agissante A, en déplaçant son point d'application m dans sa direction, produit le déplacement du point d'application n d'une force résistance R en sens contraire de la direction de cette force. Supposons que la marche de la machine est régulière , c'est-à-dire que les vitesses des corps qui la composent n'augmentent ni ne diminuent. Le principe de la conservation de la puissance mécanique exige alors , nécessairement , que le travail fait ou la puissance consommée par la force agissante **A** , soit égal au travail fait sur la force résistante **R** ; c'est-à-dire que pour des déplacements correspondants des points *m* et *n* , le nombre de kilogramètres dépensés d'un côté doit être égal au nombre de kilogramètres gagnés de l'autre.

Pour que cela ait lieu , il faut que le rapport des grandeurs des forces soit l'inverse de celui des grandeurs des déplacements opérés dans les directions des forces. Si le déplacement du point d'application de la force **A** est dix fois , cent fois plus grand que celui du point d'application de la force **B** , la force **A** devra au contraire être dix fois , cent fois plus petite que la force **R**. Si le premier de ces déplacements n'est que le tiers du second , la force **A** devra être trois fois plus forte que la force **R**. Il est bien évident que par cette règle , tout déplacement opéré donnera le même nombre de kilogramètres de chaque côté. D'autres exemples. que l'on peut prendre à volonté , achèveront de rendre cela parfaitement clair.

32. *Machines en repos et machines en mouvement.* — Quand les forces **A** et **R** appliquées à notre machine satisferont à la condition que nous venons d'établir , elles se feront équilibre, c'est-à-dire que s'il n'y a pas de mouvement commencé , il ne pourra pas s'en produire , ni dans un sens ni dans l'autre ; car pour qu'il y eut mouvement, il faudrait que les corps de la machine prissent des vitesses, et ils ne pourront en prendre que si la puissance de travail dépensée d'un côté, est supérieure au travail produit de l'autre.

Si la condition de l'égalité de puissance dépensée par une des forces et de puissance gagnée par l'autre étant satisfaite, la machine est déjà en mouvement , ce mouvement se continuera uniformément; car un changement dans les vitesses ne pourrait résulter que d'un excès de l'une des puissances sur l'autre.

33. *Rappel de la règle donnée pour estimer les déplace-*

ments. — Pour établir le rapport de grandeur de deux forces qui se font équilibre au moyen d'une machine, il suffit, comme nous venons de le montrer, de reconnaître quel est le rapport des longueurs des chemins correspondants que les points d'applications de ces forces peuvent faire dans un mouvement. Les deux rapports sont inverses l'un de l'autre. Celui des longueurs des chemins se verra très facilement par la composition de la machine ; mais en l'établissant, il ne faudra pas perdre de vue qu'il s'agit des chemins faits dans les directions des forces et que, si un déplacement ne suit pas la direction de la force correspondante, la longueur du déplacement à comparer s'obtiendra en projetant le déplacement réel sur la force, au moyen d'une perpendiculaire, comme nous l'avons expliqué au numéro 21. Si la force est verticale, par exemple, comme celle d'un poids, et que cependant le déplacement du point m ne puisse se faire que dans la direction inclinée $m\,a$, (fig 13,) la longueur de chemin à comparer à celle du chemin d'une autre force, ne sera pas la distance $m\,a$, mais la distance $m\,b$, qui sera l'abaissement effectif.

34. *Application aux machines simples.* — Quoique la règle à suivre pour établir la condition de l'équilbre dans nne machine, soit, comme on vient do le voir, d'une très grande simplicité, il n'est peut être pas inutile d'en donner quelques exemples, et d'en faire surtout l'application à quelques machines simples qui sont d'un emploi très fréquent et qui se retrouvent, presque toujours, dans la composition des grandes machines.

35. *Du levier.* — Nous avons déjà parlé du levier. C'est une barre rigide, qui peut tourner autour d'un point fixe, qu'on appelle le point d'appui, et à laquelle sont appliquées des forces agissante et résistante, qui tendent à le faire tourner en sens contraire.

Quand le levier, (fig 11) est droit et que les forces agissent dans le même plan, perpendiculairement aux bras de levier $o\,m$ et $o\,n$, les mouvements des points m et n se font dans la direction des forces et les déplacements sont proportionnels aux longueurs des bras de levier. Il faut, pour l'équilibre, que les forces A et R soient dans le rapport inverse des mouvements et, par conséquent, dans un rapport inverse de celui des bras de levier auxquels elles sont appliquées. Si le bras de levier $o\,m$ est cinq fois plus grand que le bras de levier $o\,n$, la force agissante A sera cinq fois plus petite que la force résistance R. Si le bras de levier $o\,m$ n'est que les trois quarts de $o\,n$, la force R sera les trois quarts de la force A.

Mais les forces peuvent ne pas être dirigées perpendiculairement à la barre qui forme le levier, et cette barre peut d'ailleurs n'être pas droite. Dans ce cas, pour trouver le rapport des déplacements qui pourront s'opérer dans les directions des forces, il faudrait, comme nous l'avons dit, projeter les déplacements réels sur ces directions ; mais on peut établir la condition d'équilibre d'une manière plus simple. Du point d'appui o (fig 14,) menons les lignes $o\,p$ et $o\,q$ perpendiculaires aux directions des forces A et R. On peut considérer ces lignes $o\,p$ et $o\,q$ comme attachées au levier et comme formant un même corps avec lui ; mais alors on peut prendre les points p et q pour points d'application des forces, au lieu des points, m et n. Comme les points p et q se mouvront dans les directions des forces A et R et que les déplacements seront proportionnels aux longueurs $o\,p$ et $o\,q$, on devra en conclure que, pour l'équilibre, les forces A et R devront être inversement proportionnelles à ces perpendiculaires $o\,p$ et $o\,q$.

En appelant toujours bras de leviers les perpendiculaires ainsi abaissées du point d'appui sur les forces, on peut dire d'une manière générale, que pour l'équilibre du levier, la force agissante et la force résistante doivent être dans un rapport inverse de celui des bras de levier.

Le point d'appui peut être placé , par rapport aux forces, autrement que sur les figures 11 et 14. Il peut, comme dans la figure 15 , être du même côté par rapport aux deux forces ; mais la règle est toujours la même. Les forces A et R doivent , pour qu'il y ait équilibre , être en raison inverse des bras de levier o p et o q.

36. *Du treuil.* — Le treuil, ou tour , (fig. 16) est une machine composée d'un cylindre, qui repose sur deux appuis par des tourillons B et C placés à ses extrémités, et d'une grande roue, à la circonférence de laquelle la force agissante est appliquée tangentiellement. La force résistante , qui est ordinairement un poids , est de même appliquée tangentiellement au cylindre. Il est clair que si un mouvement à lieu , les déplacements des points d'application des forces A et R dans les directions de ces forces, seront proportionnels aux longueurs des rayons de la roue et du cylindre. Les forces devant être dans le rapport inverse des mouvements pour qu'il y ait équilibre , on voit que , dans le treuil , la condition d'équilibre est, que la force agissante soit à la force résistante comme le rayon du cylindre est au rayon de la roue. Si le rayon de la roue est dix fois plus grand que celui du cylindre , la force A ne sera que la dixième partie de la force R. Au reste, on voit facilement que le treuil n'est qu'une forme particulière du levier , dans laquelle les bras de levier sont le rayon de la roue et celui du cylindre.

37. *Du plan incliné.* — Le plan incliné est employé ordinairement pour obtenir l'élévation des poids par la traction. Une surface plane M N (fig 17) est établie sur une certaine inclinaison , qui est déterminée par le rapport de la hauteur N P à la longueur M N de cette surface. La force agissante A , en trainant le corps K sur cette surface , l'oblige à s'élever ; c'est-à-dire fait marcher la force résistante R, qui est le poids du corps K, en sens contraire de sa direction. On voit facilement que si la force agissante A est dirigée paral-

lèlément à la surface M N, le rapport de cette force à la force R, devra être celui de la hauteur N *p* à la longueur M N ; car, pour un mouvement quelconque, le rapport du déplacement du point *m* dans le sens de la force A au déplacement du même point dans le sens opposé à la force R, sera au contraire égal à celui de la longueur M N à la hauteur N p. Si, par exemple, la hauteur du plan n'est que la centième partie de sa longueur, la force A pourra être cent fois plus petite que le poids R.

Les principales applications du plan incliné se voient dans l'établissement des routes et des chemins de fer. Les faibles inclinaisons suivant lesquelles ces voies se développent, pour franchir les montagnes, permettent aux moteurs d'élever les fardeaux à de très grandes hauteurs, en n'exerçant cependant que de faibles tractions.

38. *De la moufle*. — Une moufle (fig. 18) se compose ordinairement de deux systèmes de poulies assemblées dans deux chapes et sur deux axes différents. L'une des chapes M est fixe, l'autre N est mobile. Une corde attachée à la chape fixe embrasse successivement chaque poulie, en allant d'une chape à l'autre. La force agissante A est appliquée à l'extrémité de la corde qui reste libre après ses enroulements, et la force résistante R est appliquée à la chape mobile N. S'il y a, comme dans notre figure, six lignes de corde entre les deux poulies, il est bien clair que lorsque la force A, en agissant, produira un mouvement, le rapprochement des deux chapes M et N ne sera que la sixième partie du chemin fait par la force A, car la diminution de longueur de la partie de la corde embrassant les poulies se sera partagée entre les six lignes. Par conséquent, puisque les forces doivent être, pour l'équilibre, dans le rapport inverse des mouvements, la force agissante A pourra faire équilibre à une force résistante R six fois plus grande.

Ainsi dans la moufle le rapport des forces est déterminé

par le nombre des cordons qui unissent le système fixe au système mobile.

39. *De la vis.* — Dans la vis, dont la description n'est sans doute pas nécessaire, la force agissante, si l'écrou est fixe, fait avancer le cylindre de la vis d'un pas de vis, à chaque tour qu'elle fait elle-même. Par conséquent, dans tout mouvement . le rapport des chemins faits par la force agissante et par la force résistante appliquée à l'axe du cylindre de la vis, sera celui de la longueur de la circonférence décrite par la force agissante à la longueur d'un pas de vis. Les deux forces devront être dans le rapport inverse. Supposons que dans chacune de ses révolutions, la force agissante parcourt une longueur développée de trois mètres et que la hauteur d'un pas de vis ne soit que d'un centimètre, la force agissante pourra transmettre à l'axe de la vis une force 300 plus grande.

40. *De la presse hydraulique.* — La presse hydraulique est une machine dont le principe est très simple. Un réservoir M (fig 19,) parfaitement étanche, est rempli d'eau. Deux pistons P et q pénètrent dans ce réservoir. La force agissante A pousse le piston q et son action se transmet par l'eau au piston P, contre lequel s'exerce la résistance R de la pression à produire. Comme l'eau est incompressible, les mouvements des deux pistons sont nécessairement tels que l'espace occupé par suite de l'avancement de l'un de ces pistons, est égal à l'espace que l'autre laisse libre en sortant. Il faut évidemment pour cela que les déplacements soient dans le rapport inverse des grandeurs des sections ou bases des pistons. Si le piston P a une surface de section quatre cents fois plus grande que celle du piston q, son mouvement sera nécessairement quatre cents fois plus lent que celui de ce piston. Alors, par le principe de la conservation de la puissance mécanique, il faudra, pour l'équilibre, que les forces A et R soient dans le rapport inverse de ces mou-

vements, et dans le cas de notre exemple, la force A pourra, par l'intermédiaire de la machine , produire une force de pression quatre cents fois plus grande.

On voit que, dans la presse hydraulique , les deux forces doivent être proportionnelles aux grandeurs des sections des pistons sur lesquels elles agissent On pourra toujours faire le piston q assez petit pour qu'une petite force transmette, sur l'autre piston P un effort aussi grand qu'on le voudra.

Il est sans doute inutile de donner un plus grand nombre d'exemples de l'usage de notre loi d'équilibre. Elle s'applique aux machines les plus compliquées ; il suffit toujours , pour établir le rapport de grandeur de la force agissante à la force résistante , de reconnaître celui des chemins faits, dans un mouvement, par les points d'application de ces forces, suivant leur direction. Cela est ordinairement très facile.

41. *Excès de la puissance dépensée sur le travail utile produit.*— Quand les deux forces auront entr'elles le rapport inverse des chemins qu'elles pourront faire , elles se feront équilibre , comme nous l'avons dit , c'est-à-dire que si la machine est en repos, elle y restera. Cela est vrai théoriquement et pratiquement. Le repos subsistera certainement.

Mais nous avons cru pouvoir dire aussi que , si les deux forces ont entr'elles ce rapport d'équilibre et que , cependant, la machine ait un mouvement produit par une cause antérieure, ce mouvement devra subsister uniformément et indéfiniment, parce qu'il n'y aura ni perte ni gain de puissance qui doive être compensé par un accroissement ou une diminution de vitesse. Eh bien cette proposition n'est vraie que théoriquement. Dans la réalité , si la force agissante appliquée à une machine n'a que l'intensité voulue par la règle que nous avons établie , il arrivera toujours que le mouvement ira en diminuant de vitesse et que la machine finira par s'arrêter.

A quoi cela tient-il ?

Cela tient à ce que l'emploi de la puissance de travail dépensée par la force agissante n'aura pas , pour seul effet à produire , le gain de puissance qui sera acquis par la force résistante. Dans le mouvement de la machine , il y aura des corps qui glisseront les uns sur les autres ; ce glissement sera gêné par les aspérités des surfaces qui se toucheront ; il ne pourra pas avoir lieu sans que les aspérités qui se rencontreront soient brisées ou refoulées, et ces ruptures et ces refoulements d'aspérités seront un travail de même nature que l'élévation d'un poids.Il faudra que la force agissante produise ce travail , en même temps que celui qu'elle produira sur la force résistante. Sans cela l'excès du travail produit sur la puissance de travail consommée devra être pris sur les vitesses des corps composant la machine. Ces vitesses diminueront alors graduellement et la machine s'arrêtera.

La résistance au mouve ment dont nous venons de parler se nomme le frottement. Il est très important d'en tenir compte dans le calcul des machines , parce qu'il modifie beaucoup les résultats.

42. *Moyen de diminuer le frottement.* — On parvient cependant à diminuer l'influence du frottement. Si entre deux pièces de bois qui glissent l'une sur l'autre , on introduit une petite couche d'eau, en les mouillant, le glissement est considérablement facilité. Ce n'est pas l'eau toutefois qu'on emploie ordinairement pour diminuer le frottement dans les machines ; elle sècherait trop rapidement ; on emploie la graisse ou l'huile. On réduit encore les effets du frottement. en disposant la machine de telle manière que les vitesses de glissement des parties qui frottent soient les plus petites possible, car le travail du frottement, comme celui de toute résistance , est proportionnel à la grandeur du chemin fait. L'emploi des roues pour faciliter la traction des fardeaux est une application de ce moyen de diminuer le frottement. Quand une roue s'avance , il n'y a glissement qu'entre l'essieu et le moyeu. Si le diamètre de la fusée de l'essieu est 20 fois plus petit que celui de la roue, le mouvement de glissement sera 20 fois moindre que si le corps était traîné directement sur le sol, et le travail du frottement sera réduit dans la même proportion.

La diminution du frottement dans une machine est très importante, non seulement pour éviter à la force agissante une dépense de puissance inutile ; mais aussi pour la conservation même de la machine; car les arrachements et ruptures d'aspérités qui se produisent par le frottement, usent et détériorent les surfaces en contact. On peut dire que, dans les machines, l'excédant de puissance que doit dépenser la force agissante pour que le mouvement ne se ralentisse pas, est, en grande partie, employé à détruire l'instrument.

Les meilleures machines sont donc celles où le frottement est le moindre, non seulement parce qu'elles dépensent moins de puissance inutilement ; mais aussi parce qu'elles s'usent moins rapidement.

Le frottement n'est pas la seule cause qui donne lieu à une dépense de puissance supérieure au travail utile qui est produit. Les mouvements inutiles communiqués à des parties de la machine ou à des corps étrangers, et notamment le mouvement communiqué à l'air environnant, sont, souvent aussi, des causes de pertes de puissance assez considérables.

On sait calculer les résistances ainsi produites dans les machines par le frottement et par diverses autres causes ; mais l'indication des règles que l'expérience a fait établir pour cela, nous ferait sortir du cadre dans lequel nous voulons nous renfermer ; celui d'une simple exposition des lois et des faits généraux du mouvement.

43. *Vue générale sur les effets des machines.* — Nous avons voulu montrer seulement que, quand une force agissante maintient une machine en mouvement , une partie de sa puissance se consomme en effets étrangers au travail que l'on a en vue de produire. Le travail obtenu est toujours moindre que la puissance dépensée. On l'appelle l'effet utile de la machine. Le rapport de l'effet utile à la dépense de puissance varie avec la composition des machines. Il est rare , à moins qu'elle ne soit extrêmement simple , qu'une machine ne fasse pas perdre le quart ou le tiers de la puissance employée. Quand elle est très compliquée , elle ne rend souvent qu'une faible partie de cette puissance.

Il faut donc ne pas se méprendre sur la nature des services que rendent les machines. Elles n'ont pas pour effet d'augmenter la puissance de travail des moteurs. Au contraire , elles font toujours perdre inutilement une partie de cette puissance. Leur effet est seulement de produire l'équivalent d'une division de la force résistante , en parties assez petites pour que la force agissante puisse les vaincre séparément. Voici un poids de 100 kilogrammes qu'il s'agit d'élever à un mètre de hauteur avec une force d'un kilogramme. Si le poids de 100 kilog. peut être divisé en 100 parties égales , le mieux sera d'élever séparément chacune de ces parties , en y appliquant successivement notre force d'un kilog. et en lui faisant faire 100 fois le trajet d'un mètre. On n'aura ainsi rien perdu : on aura dépensé 100 kilogramètres de puissance, pour produire 100 kilogramètres de travail. Si le poids n'est pas divisible , nous serons dans la nécessité d'employer une machine, pour le soulever à un mètre avec notre force d'un kilog. Mais alors, par l'intermédiaire de la machine , cette force pourra avoir à parcourir , par exemple , 130^m au lieu de 100^m. Il y aura 130 kilogramétres de puissance dépensée, pour produire seulement 100 kilogramètres de travail , parce qu'une partie de cette puissance se dépensera en frottement et autres effets étrangers au travail utile.

44. *Impossibilité du mouvement perpétuel.* — Cette perte plus ou moins grande de puissance mécanique , qui résulte inévitablement de l'emploi des machines , montre combien est absurde la recherche du mouvement perpétuel , c'est-à-dire l'invention d'une machine dans laquelle le mouvement puisse s'entretenir de lui même , sans dépense de puissance de travail. Une machine ne peut pas se mouvoir sans qu'il y ait des parties qui frottent les unes contre les autres, et même sans qu'il y ait du mouvement communiqué à d'autres corps, par exemple aux molécules d'air voisines. Ce frottement , ces mouvements communiqués seront un travail, qui ne pourra être produit qu'aux dépens des vitesses primitivement données aux corps formant la machine. Ces vitesses devront donc diminuer et finir par s'éteindre.

45. *Stabilité de l'équilibre due au frottement.* — Le frottement est la cause d'un effet qui se remarque dans les machines en repos. C'est que l'équilibre peut subsister, quoique les forces ne soient pas exactement dans le rapport inverse des chemins que ces forces peuvent faire. Cela tient à ce que le frottement, étant une résistance au mouvement, ajoute toujours sa puissance à celle des deux forces qui remplit le rôle de résistance.

45 *Des volants.* — Quand une machine est en mouvement, la force agissante peut diminuer et même cesser un moment de s'exercer , sans que le mouvement s'arrête et sans que le travail de la force résistante cesse d'être produit. Ce travail se fait alors aux dépens des vitesses des corps composant la machine , vitesses qui représentent , comme nous le savons, une certaine quantité de puissance de travail. Ce que ces vitesses perdront ainsi pourra ensuite leur être rendu , lorsque la force agissante viendra de nouveau exercer tout son effet. Cette observation montre que , par l'intermédiaire d'une machine , une force peut agir irrégulièrement, ou par intermittence ; mais il faut pour cela, qu'il y ait, dans la ma-

chine, des corps assez massifs et se mouvant assez rapidement pour former une réserve de puissance suffisante. C'est
à cette fin qu'on ajoute presque toujours aux machines une
partie qu'on appelle le volant, et qui est ordinairement une
grande roue dont la circonférnce est très massive et reçoit un
mouvement rapide. La puissance de travail emmagasinée
dans la vitesse du volant, donne à la machine, non seulement le moyen de suppléer aux irrégularités de la force
agissante, mais de surmonter des effets de grandes variations dans l'intensité de la force résistante ; car il n'est. aucune force qui puisse arrêter brusquement un corps en mouvement.

47. *Résumé.* — Ce que je viens d'exposer sur les effets des
machines se résume brièvement.

. Si l'on ne tient pas compte des résistances étrangères qui
naissent de l'emploi même des machines, la règle d'équili ·
bre entre deux forces, dont l'une agit sur l'autre, par l'intermédiaire d'une machine, est extrêmement simple. Il faut,
pour tout mouvement, que la puissance de travail dépensée d'un côté soit égale à la puissance de travail gagnée
de l'autre. Pour cela, le rapport des grandeurs des forces
doit être l'inverse de celui des grandeurs des déplacements
correspondants éprouvés, dans un mouvement, par les points
d'application de ces forces.

Lorsque ce rapport existe, si la machine est en repos, le
repos subsiste nécessairement.

Mais si la machine est en mouvement, il ne suffit pas, pour
que ce mouvement se maintienne sans perte, que la puissance de travail dépensée par la force agissante soit égale au
travail fait par la force résistante, parce qu'il se produit des
effets étrangers de frottement ou de communication de mouvement, qui donnent lieu à un travail inutile, auquel doit
correspondre une partie de puissance dépensée.

On peut diminuer ces résistances étrangères ; mais on ne
peut pas les détruire complétement.

Les machines n'ont donc point pour effet d'augmenter la puissanee de travail des moteurs. Au contraire elles font toujours perdre une partie de cette puissance.

Leur utilité n'est que d'opérer, sur la résistance, une sorte de division, qui permet à une autre force plus faible de la vaincre, pour ainsi dire, par partie; mais elles font dépenser à cette force un excès de puissance de travail, et le travail obtenu, ou l'effet utile, est toujours moindre que la puissance dépensée.

Le frottement donne de la stabilité à l'état de repos des machines, parce que sa puissance s'ajoute toujours à celle des deux forces qui résiste au mouvement.

Afin qu'une machine puisse marcher malgré l'irrégularité des forces qui lui sont appliquées, on y ajoute ordinairement un corps très massif auquel une grande vitesse est imprimée dans le mouvement. Ce corps, qu'on appelle un volant, est pour ainsi dire un réservoir qui emmagasine de la puissance de travail, lorsqu'elle est en excès, pour la rendre lorsqu'elle fait défaut.

IVᵉ LEÇON.

—

Division des mouvements.

48. *Les lois du mouvement s'appliquent séparément aux mouvements relatifs.* — J'ai exposé la grande loi de la conservation de la puissance de mouvement: nous avons vu que dans un système de corps qui se meuvent sous l'action de forces d'attraction ou de répulsion réciproques et de forces extérieures , la puissance de travail reste invariable ; c'est-à-dire que le nombre de kilogramètres correspondant aux déplacements que les forces peuvent produire et aux vitesses dont les corps sont animés, est toujours le même , à quelque époque du mouvement qu'on en fasse l'évaluation. Mais il semble que cette loi doit être sans utilité pratique , parce qu'il faudra , pour en faire l'application, considérer à la fois tous les corps de l'univers. En effet tous ces corps , qui sont peut être en nombre infini , étant tous mobiles et agissant tous les uns sur les autres , il n'y a véritablement qu'un système unique dans le monde.

D'ailleurs, comment évaluer les vitesses réelles des corps , s'il n'y a dans l'espace aucun point fixe auquel on puisse rapporter ces vitesses ?

L'utilité de la grande loi dont nous nous occupons est-elle donc annulée par l'immensité de son extension ?

Heureusement il n'en est pas ainsi; car la loi de la conser-

vation de la puissance de travail n'est pas vraie seulement
pour les mouvements absolus ; elle a lieu séparément pour
les mouvements relatifs et les actions réciproques d'un système de corps, indépendamment de la vitesse générale qui
peut emporter à la fois tous ces corps et de l'action commune
qui peut solliciter également tous leurs atômes , dans la mê
me direction. C'est là une conséquence évidente de l'indépendance des effets des forces ; car les mouvements relatifs
ne sont autre chose que les mouvements qui subsisteraient
seuls, si le mouvement commun et les forces qui le produisent n'existaient pas , et nous savons que , dans ce cas , ces
mouvements satisferaient nécessairement à la loi de la conservation de la puissance de travail.

Voici un certain nombre de corps posés sur le plancher
d'un navire et agissant les uns sur les autres. En vertu de
l'indépendance des effets des forces , les mouvements que
prendront ces corps par rapport au plancher qui les sup-
porte , seront les mêmes , si le navire est en mouvement ,
que s'il est en repos. Dans le cas du repos du navire , les
mouvements des corps seront des mouvements absolus, qui
satisferont nécessairement au principe général de conservation de puissance. Dans le cas de la marche du navire , ils
ne seront que des mouvements relatifs ; mais rien ne sera
changé, et notre grande loi pourra par conséquent se vérifier,
sans tenir compte du mouvement commun.

Tous les faits de mouvement que nous constatons sur la
terre, ne sont que des faits de mouvements relatifs , puisque
la terre est elle même en mouvement. Mais nous pouvons
faire abstraction du mouvement commun et de la force commune qui le régit, et traiter les mouvements que nous constatons par rapport au sol , comme s'ils existaient seuls.

49. *Division des mouvements en trois espèces.* — Pour faciliter l'étude des mouvements des corps , on peut diviser
ces mouvements en trois catégories.

Mouvements de position. — Les mouvements de la première catégorie sont ceux qui se produiraient seuls , si les corps étaient des masses absolument invariables de forme et complétement pleins. Je les appellerai des mouvements de position. Ce sont les mouvements ordinaires de translation et de rotation des corps. Nous les constatons indépendamment des mouvements particuliers qui peuvent se produire, en même temps, entre les parties de chaque corps.

50. *Mouvements de forme.* — Les parties d'un même corps peuvent en effet prendre des mouvements les unes par rapport aux autres. Quand un corps reçoit un choc , sa forme est d'abord altérée , parce que la partie qui est frappée est mise en mouvement la première; mais celle-ci communique son mouvement aux parties voisines, et il se produit ainsi une série de changements succesifs ou alternatifs, que l'on nomme des ondulations ou des vibrations. Je ferai de ces ondulations ou vibrations , qui peuvent-être causées autrement que par des chocs , une seconde catégorie de mouvements , que j'appellerai mouvements de forme.

51. *Mouvements moléculaires.* — Les mouvements de forme, qui résultent d'un changement général ou local dans la forme d'un corps, affectent en même temps des parties plus ou moins étendues de ce corps , c'est-à-dire des ensembles de molécules voisines , qui se meuvent simultanément de la même manière ; mais il doit y avoir , indépendamment de ces mouvements communs, des mouvements individuels des plus petites parties des corps , molécules ou atômes. Les atômes n'étant , pour ainsi dire , que des points matériels tenus écartés les uns des autres, par le jeu combiné d'actions attractives et répulsives , forment des assemblages dans lesquels l'équilibre doit être troublé par les moindres causes. Une mu titude de faits prouvent en effet que les atômes des corps sont dans une agitation continuelle. Cette agitation

forme une troisième catégorie de mouvements, que j'appellerai mouvements moléculaires.

52. *Un exemple.* — Je vais montrer ces différents mouvements dans un exemple. Je prends les pincettes de mon foyer et je les frappe sur l'une de leurs branches, en les abandonnant à elles-mêmes. Elles sont projetées loin de moi, par un mouvement général, que j'ai nommé mouvement de position. Mais le choc n'a pas eu seulement pour effet la projection du corps ; il a rapproché les deux branches l'une de l'autre, et ce rapprochement a développé dans le système de ces deux branches, unies entre elles par un ressort, un mouvement vibratoire analogue à celui que nous avons analysé au n° 28. Ce mouvement vibratoire est un mouvement de forme. Il s'exécute d'une manière indépendante du mouvement général qui emporte les pincettes. C'est un mouvement relatif par rapport à celui-ci.

Mais ce fer qui forme les pincettes et qui nous semble un corps plein, n'est qu'un assemblage de points matériels ou atômes très écartés, relativement à leurs dimensions, s'ils en ont. Si au moment où j'ai frappé les pincettes, ces atômes étaient en repos, ils ne doivent plus l'être ; le choc a dû produire, et le mouvement vibratoire du ferme doit continuer à produire, entr'eux des changements de position relative et, par suite, des vibrations individuelles, qui se sont propagées des uns aux autres et ont dû les mettre tous en mouvement et causer cette agitation générale que j'appelle le mouvement moléculaire. Si, comme nous le verrons, l'agitation est l'état habituel des atômes ou des molécules des corps, notre choc n'aura eu alors pour effet que de modifier, d'augmenter un peu celle qui existait dans la matière de mes pincettes.

53. *Utilité de la division indiquée.* — Comme il n'y a aucune division bien tranchée dans la nature, celle que je viens d'établir entre les mouvements, ne l'est pas non plus. Il y a des mouvemeuts de vibration assez étendus pour qu'ils puissent être considérés comme des mouvements généraux de déplacement. D'autres , au contraire , s'appliquent à de si petits assemblages d'atômes, qu'ils peuvent-être regardés comme des mouvements moléculaires. Cependant, comme ces trois catégories de mouvement , ainsi que nous allons le voir , se manifestent à nous par des effets qui semblent de natures très différentes , notre division nous sera fort utile pour l'étude de ces effets. Nous pourrons alors considérer séparémeut les mouvements de chaque espèce et leur appliquer , séparément aussi , les lois que nous avons établies. Nous pourrons le faire presque toujours, parce que un mouvement de forme pourra , au moius par approximation, être considéré comme un mouvemeut relatif, par rapport à celui qui entraînera le corps, et que les mouvements moléculaires ne sont aussi , ordinairement , que des mouvements relatifs par rapport aux mouvements de forme et , à plus forte raison. par rapport aux mouvements de position.

54. *Transformation d'une espèce de mouvement en une autre.*—Il arrive très souvent qu'un mouvement d'une espèce se transforme , en partie, en un mouvement d'une autre espèce. Voici deux boules d'ivoire , qui n'ont qu'un mouvement de translation. Si elles viennent à se rencontrer , le choc produira dans chacune d'elles un mouvement de forme ou mouvement de vibration, et, certainement aussi, une agitation moléculaire. Une partie de la puissance de travail qui résidait dans les vitesses des boules , passera dans le mouvement de forme et dans le mouvement moléculaire. Nous l'avons déjà expliqué au n° 26.

Réciproquement , si nous supposons une boule en vibration de forme et si nous lui faisons toucher un autre corps , le choc d'une partie de la boule contre ce corps produira une réaction , qui projettera la boule et le corps lui même. Une partie de la puissance de travail qui résidait dans le mouvement vibratoire de la boule, passera dans le mouvement de déplacement que les deux corps acquerront.

Quand nous nous occuperons des mouvements moléculaires, les exemples de transformation de ces mouvements en mouvements généraux ne nous manqueront pas. Disons, par anticipation, que la puissance de la vapeur n'est que le résultat d'une transformation de cette nature.

55. *Manifestations différentes des trois espèces de mouvement.* — Les trois espèces de mouvement que je viens de distinguer se manifestent à nous, comme je l'ai dit, de manières très différentes.

La manifestation des mouvements de position est directe : nous voyons les corps se déplacer dans l'espace, en changeant de position relative, avec des vitesses plus ou moins grandes.

Les mouvements de forme ne nous sont sensibles, de la même manière, que quand ils ont une grande amplitude et s'exécutent assez lentement ; mais, ordinairement, nous ne les percevons que par des effets avec lesquels le mouvement semble n'avoir aucun rapport, par les bruits ou les sons, comme nous le verrons dans la suite de cette étude.

Les effets des mouvements moléculaires révèlent encore moins la cause qui les produit. Ces effets, que nous étudierons bientôt, sont principalement la chaleur et la lumière, qui ont longtemps été attribuées à l'existence de substances particulières.

On voit que notre étude du mouvement va embrasser successivement, à peu près, celle de tout ce qui se produit dans le monde matériel.

56. *Résumé.* — Il faudra nous rappeler :

Que bien que tous les corps de l'univers ne forment réellement qu'un système unique, la loi de la conservation de la puissance de travail garde toute son utilité, parce qu'elle s'applique, non seulement aux mouvements absolus des

corps , mais aussi et séparément , à leurs mouvements relatifs; c'est-à-dire qu'en recherchant les conséquences de cette
loi , on peut faire abstraction d'un mouvement général commun à tous les corps d'un système et d'une force commune
agissant sur tous de la même manière , je veux dire sollici-
tant tous leurs atômes également et dans la même direction;

Que l'on peut diviser les mouvements en trois catégories,
en distinguant :

1° Les mouvements de position, qui sont les mouvements
généraux de déplacement ou de rotation , affectant à la fois
toutes les parties d'un corps , abstraction faite des mouvements relatifs de ces parties ;

2° Les mouvements de forme , qui sont les mouvements
ondulatoires ou vibratoires , par lesquels des parties plus
ou moins étendues d'un corps se meuvent les unes par rapport aux autres , mouvements qui résultent ordinairement
d'un choc ou d'une altération momentanée dans la forme
du corps ;

3° Les mouvements moléculaires, qui sont ceux des dernières parties ou atômes des corps , les uns par rapport aux
autres , mouvements qui maintiennent tous les atômes de la
matière dans un état d'agitation continuelle ;

Que cette division corrrespond à trois manifestations différentes des effets des forces : les mouvements de déplace-
et de rotation sont perçus directement ; les mouvements de
forme ne nous sont ordinairement sensibles que par les
bruits et les sons, et les mouvements moléculaires donnent
lieu à des effets de chaleur et de lumière , dont la véritable
nature s'est difficilement révélée ;

Qu'il y a souvent transformation partielle d'un mouvement d'une espèce en mouvement d'une autre espèce ;

Enfin, que nous pourrons étudier séparément les trois catégories de mouvement et leur appliquer, séparément aussi,
les lois que nous avons établies , parce que les mouvements

de la seconde catégorie peuvent, presque toujours, être considérés comme mouvements relatifs par rapport à ceux de la première, et que les mouvements moléculaires peuvent être considérés de même, par rapport aux mouvements de forme et, à plus forte raison, par rapport aux mouvements de position.

Vᵉ LEÇON.

—

Mouvements de position, révolutions des astres.

57. *Notions générales.* — Le commencement de cette étude sur les mouvements de position ne peut être que le rappel et le développement des premières notions que j'ai données sur le mouvement en général, dans la première leçon, puisque les principes que nous avons établis alors, ont été fondés sur la connaissance des faits des mouvements généraux de déplacement.

Un corps qui, après avoir reçu un mouvement, n'est plus soumis à aucune force, se meut en ligne droite et avec une vitesse uniforme, c'est-à-dire en parcourant des distances égales dans des temps égaux. Sa vitesse est la distance qu'il parcourt dans l'unité de temps, le nombre de mètres dont il s'avance dans chaque seconde, si la seconde est prise pour l'unité de temps.

Si un corps, après avoir reçu une vitesse dans une direction m A (fig. 20), est sollicité par une force permanente F, son mouvement est graduellement modifié, et si, en outre, la direction de cette force est différente de celle de la vitesse primitive, il suit une certaine courbe $m\,n\,p$, que l'on nomme sa trajectoire. La direction et la vitesse de son mouvement à un instant déterminé, sont alors celle du mouvement rectiligne et uniforme qu'il conserverait, si, au même instant , la force cessait d'agir. La direction de ce mouvement s'obtient en prolongeant en ligne droite l'élément de la courbe sur lequel se trouve le mobile ; ce qui , en géométrie , s'appelle mener une tangente à la courbe. Ainsi au point n de la trajectoire $m\,n\,p$, la direction de la vitesse est celle de la ligne n T qui touche la courbe sans la couper. Nous verrons plus loin comment on détermine la grandeur de la vitesse.

58 *Mouvement rectiligne sous force constante.* — Examinons d'abord le cas où la force F agit précisément dans la direction m A, (fig. 21), de la vitesse que le corps a d'abord reçue et où cette force est constante , c'est-à-dire ne change pas avec la position du corps. Le mouvement se continue alors en ligne droite. Pour avoir la vitesse après un certain temps , il suffira , comme on l'a vu au numéro 10, d'ajouter à la vitesse qu'il avait au commencement, celle que la force produit dans chaque seconde, répétée autant de fois qu'il y aura de secondes. Si la vitesse primitive est de 5^m par exemple et si la vitesse produite dans chaque seconde par la force F est de 3^m, la vitesse totale après quatre secondes , sera de 5^m plus 12^m ou 17^m. Ce qui veut dire que si la force F cesse alors d'agir, la vitesse uniforme du mobile sera de 17^m.

La distance qui aura été parcourue dans les quatre secondes est très facile à calculer. En vertu de l'indépendance des effets des forces , elle se compose, dans notre exemple, des 20^m qui correspondent, pour les 4 secondes, à la vitesse primitive de 5^m et de la distance que la force F aurait fait parcourir seule dans le même temps. Cette distance est de 24^m, car la force F produisant à la fin des 4 secondes une vitesse de 12^m, la vitesse moyenne due à cette force en sera la moitié ou de 6^m et l'espace correspondant à cette vitesse moyenne sera, pour les 4 secondes, 4 fois 6^m ou 24^m. La distance totale parcourue sera donc de 44^m.

On aurait trouvé le même résultat en prenant la moyenne 11ᵐ, entre la vitesse primitive 5ᵐ et la vitesse finale 17ᵐ, et en multipliant par 4. Il est évident que cela revient au même.

Le cas que nous examinons est celui d'un corps qui tombe. La pesanteur est , comme nous le savons , une force constante , qui entraîne les corps vers la terre, en augmentant leurs vitesses verticales de 9ᵐ 81 dans chaque seconde. Ainsi, pour les corps qui tombent , au lieu de la vitesse de 3ᵐ de l'exemple précédent , il faut prendre une vitesse de 9ᵐ 81. Si nous voulons savoir , par exemple , quelle sera , après 10 secondes , la vitesse d'un corps abandonné à l'action de la pesanteur, en supposant qu'au commencement des 10 secondes , il ait déjà une vitesse de 30ᵐ, il suffira d'ajouter 10 fois 9ᵐ 81 ou 98ᵐ 10 à 30ᵐ, ce qui donnera 128ᵐ 10. Pour avoir la distance parcourue dans les 10 secondes , on prendra simplement la moyenne 79ᵐ 05, entre la vitesse primitive 30ᵐ et la vitesse finale 128ᵐ 10. et on multipliera par 10, ce qui donnera 790ᵐ 50.

Si la vitesse primitive est de sens contraire à celle que la force tend à produire . le mouvement se détermine avec la même facilité. Seulement , au lieu de faire la somme de la vitesse primitive et de la vitesse imprimée par la force , il faut en faire la différence. Ainsi , dans le cas précédent , si la vitesse primitive de 30ᵐ est dirigée de bas en haut , la vitesse après 2 secondes , par exemp'e , sera de 30ᵐ moins deux fois 9ᵐ 81, ou de 10ᵐ 38. On saura pendant combien de temps le corps montera, en cherchant combien de fois le nombre 30 contient le nombre 9ᵐ 81. On trouvera un peu plus de 3 secondes ; 3″ 058. En multipliant ce nombre de secondes par 15 , on aura la hauteur 45ᵐ 87 à laquelle le corps s'élèvera, car 15ᵐ est la vitesse moyenne du corps dans son ascension, puisqu'il a d'abord une vitesse de 30ᵐ, et une vitesse nulle au moment où il cesse de monter. Après avoir atteint cette hauteur, le corps redescendra . Son mouvement à la descente se calculera comme il a été dit au paragraphe précédent ; mais en partant d'une vitesse nulle.

59. *Mouvement curviline sous force constante de grandeur et de direction.* — Il sera donc toujours très facile de déterminer le mouvement d'un corps soumis à une force agissant dans la direction de sa vitesse primitive , c'est-à-dire de trouver , pour chaque instant , la grandeur de la vitesse et le point où il sera parvenu. Mais si la direction de la force n'est pas la même que celle de la vitesse, comment pourra-t-on déterminer le mouvement en ligne courbe que prendra le mobile ? Cette détermination sera encore assez facile.

Supposons , pour fixer les idées , que la force est la pesanteur qui agit verticalement, et soit m A, (fig 22,) la direction inclinée de la vitesse primitive , c'est-à-dire la direction dans laquelle le corps est d'abord lancé.

Nous avons vu que lorsqu'un corps reçoit deux vitesses dans deux directions différentes, le mouvement est le même que si ce corps n'avait reçu qu'une seule vitesse, représentée en grandeur et en direction par la diagonale du parallélogramme construit avec les deux vitesses. Réciproquement quand on n'a qu'une seule vitesse , on peut supposer qu'elle provient de deux vitesses de directions arbitraires, en construisant sur ces deux directions un parallélogramme dont la vitesse donnée soit la diagonale. Remplaçons alors notre vitesse m A par deux autres, l'une m V, dirigée dans le même sens que la force , et l'autre m H , dirigée perpendiculairement. Puisque nous prenons le cas de la pesanteur pour exemple , la première de ces vitesses sera verticale et la seconde sera horizontale.

La pesanteur ne pouvant produire que des vitesses verticales , ne pourra rien changer à notre vitesse horizontale m H. Par conséquent le déplacement du corps, mesuré horizontalement, se fera avec une vitesse constante, c'est-à-dire suivant un mouvement uniforme.

En vertu de l'indé_lendance des effets des forces, la vitesse verticale variera comme si elle était seule , et le déplacement du corps , mesuré verticalement , se fera comme si ce corps avait été lancé verticalement avec la vitesse m V. Il sera très facile alors de déterminer la position réelle du mobile après chaque instant. On établira , pour cet instant, la position B qu'occuperait le mobile m , s'il n'avait reçu que sa vitesse verticale , et le point C où il serait parvenu sur la ligne horizontale , en se mouvant avec la vitesse uniforme m H , et en menant par ces points verticalement et horizontalement les lignes B n et C n , on déterminera la position réelle n du mobile à cet instant.

Si l'on fait cela pour des intervalles de temps assez rapprochés , on verra que tous les points , qu'on déterminera ainsi , forment une courbe symétrique de chaque côté du point le plus élevé. Cette courbe se nomme une parabole. Elle est plus ou moins allongée, comme les courbes $m\ n\ p\ q$, $m'\ n'\ p'\ q'$, (fig 23,) suivant l'inclinaison de la direction dans laquelle le corps est lancé et suivant la grandeur de la vitesse primitive ; on le verra bien en faisant quelques applications.

La grandeur de la vitesse en un point quelconque d'une trajectoire ainsi déterminée , s'obtiendra en reconstruisant un parallélogramme rectangle avec les vitesses horizontale et verticale correspondant à ce point.

Pour faire ces applications , on se donnera les grandeurs des composantes horizontale et verticale de la vitesse primitive , au lieu de se donner la grandeur et la direction de cette vitesse et d'en chercher ensuite les composantes ; cela sera plus simple. Les courbes $m\ n\ p\ q$ et $m'\ n'\ p'\ q'$ de nos figures donnent , à l'échelle de 1/2 millimètre pour un mètre, les résultats de deux applications. Dans la première, la vitesse verticale primitive est de 30^m et la vitesse horizontale de 5^m. Dans la seconde , la vitesse verticale a été supposée de 15^m et la vitesse horizontale de 45^m

60. *Effet de la résistance de l'air.* — Nous devons dire cependant que ces déterminations ne donneront exactement le mouvement que l'on trouverait, si l'on pouvait noter les résultats de l'expérience , que si cette expérience avait lieu dans le vide. Comme c'est toujours au milieu de l'air que les corps sont lancés , la rencontre des molécules de cet air produit une résistance, qui enlève au mobile une partie de sa vitesse et modifie un peu la forme de la courbe. Cette courbe n'est plus parfaitement symétrique de chaque côté du point le plus élevé. Elle s'incline davantage à la descente qu'à la montée , comme dans la figure 24.

L'expérience a appris comment on peut tenir compte de la résistance de l'air et déterminer la véritable forme des trajectoires des projectiles ; mais cela est assez compliqué. Les officiers du génie et de l'artillerie ont cependant souvent à le faire. Ainsi, pour connaître dans quelle direction une bombe doit-être lancée pour atteindre un but , ils ont be- soin de déterminer la forme exacte de la trajectoire qu'elle suivra.

61. *Mouvement curviligne sous force variable de grandeur et de direction. Cas de l'attraction vers un centre* — Dans l'étude des mouvements variés que nous venons de considé- rer , nous avons supposé que la direction et la grandeur de la force accélératrice ne changeaient pas avec la position du corps. Voyons maintenant comment il est possible de déter- miner le mouvement quand la force qui le régit , change de grandeur et de direction, à mesure que le corps se déplace.

Supposons qu'un mobile m, (fig. 25), soit attiré vers un point fixe O. En m il sera sollicité , avec une certaine force dans la direction m O, mais quand il sera en m', la direc- tion m' O dans laquelle il sera sollicité, ne sera plus la même que la direction $m\,O$; elle ne lui sera plus parallèle , et de plus , la grandeur de la force pourra avoir changé , en raison du changement de la distance du mobile au centre d'action.

Supposons que l'on connaisse exactement la manière dont la force changera avec cette distance ; qu'on ait , par exemple , une table qui , pour chaque distance au centre d'action, donne la mesure de la force , c'est-à-dire fasse connaître la vitesse qu'elle imprimerait au corps dans l'unité de temps. Cette table donnera le moyen de déterminer le mouvement. On pourra construire la courbe que le mobile suivra , fixer le temps qu'il mettra pour arriver à un point de cette courbe et établir la vitesse qu'il aura à ce point.

Pour cela on supposera que l'action de la force , au lieu d'être continue, se produit par de petits chocs successifs, et on déterminera les effets de la suite de ces chocs. Ces effets ne donneront , il est vrai , que par approximation , ceux d'une force continue ; mais on pourra rendre cette approximation aussi grande qu'on voudra, en diminuant l'intervalle des chocs. En général , il ne sera pas nécessaire que l'approximation soit très grande , pour que l'on se rende bien compte du mouvement.

Admettons, par exemple, que les vitesses données par notre table sont produites brusquement par dixième, au commencement de chaque dixième de seconde. Soit O (fig. 26) le centre de l'action, que nous supposons attractive, a la position du mobile au moment où l'on commencera à déterminer le mouvement, et $a\,p$ la direction et le dixième de la vitesse qu'il a déja en arrivant au point a , c'est-à-dire le chemin qu'il parcourrait en un dixième de seconde, s'il n'y avait pas d'attraction. En portant parallèlement à $O\,a$, $p\,b$ égal au dixième de la vitesse donnée par la table pour la distance $O\,a$, $p\,b$ sera le chemin qui serait fait en vertu du 1er choc que nous supposons s'être produit. Par conséquent b sera la

position du mobile après le premier dixième de seconde (1).
Sa position c, après le second dixième, se déterminera
de même, en prolongeant ab, d'une quantité égale bq, et en
portant qc égal au dixième de la vitesse donnée par la table
pour la distance Ob. On trouvera ainsi, successivement, autant de points de la courbe que l'on voudra. Le temps employé pour arriver en un point sera donné, en dixièmes de
seconde, par le nombre d'opérations correspondant, et la
vitesse à ce point sera égale à dix fois sa distance au point
précédent.

On aura ainsi une ligne polygonale, au lieu de la courbe
qu'une action continue de la force fera décrire ; mais elle in-
diquera la forme de cette courbe, d'autant plus exactement
qu'on aura divisé le temps en parties plus petites.

62. *Remarques sur le mouvement produit par l'attraction.* — En examinant cette ligne polygonale, on remarquera
que les longueurs ab, bc, cd... etc. qui sont proportionnelles aux vitesses, redeviendront les mêmes toutes les
fois que la même distance au centre O se reproduira, comme cela doit avoir lieu, en vertu du principe de la conservation de la puissance mécanique.

On remarquera aussi que la ligne polygonale est toujours
symétrique par rapport à tout rayon qui, comme le rayon
Od, partage également l'angle de deux côtés adjacents cd et
de. Il est facile de voir que cela résulte nécessairement de
la construction indiquée plus haut (2).

On en conclut que la courbe qu'une attraction continue
fera parcourir à un mobile, sera de même, symétrique par
rapport à tout rayon qui sera rencontré à angle droit par la

(1) Voir l'article n° 7 1re leçon.

(2) On le reconnaîtra en construisant la ligne comme je l'ai indiquée. Les plus simples notions de géométrie suffiront d'ailleurs
pour comprendre la démonstration que j'en donne dans la note F.

courbe ; en sorte qu'il suffira de connaître un arc de cette courbe compris entre deux rayons qui seront dans cette situation, c'est-à-dire entre deux rayons à tangentes perpendiculaires , pour construire la courbe d'un mouvement prolongé aussi longtemps qu'on voudra. Le même arc de courbe se reproduira toujours, successivement, pendant un temps infini. Ainsi la trajectoire a n b n' a' n" b", (fig. 27), sera formée des arcs symétriques a n b , b' n' a', a" n" b" etc. mis à la suite les uns des autres , et le mouvement sera composé d'une série de phases semblables, qui se renouvelleront périodiquement.

Les deux rayons à tangentes perpendiculaires sont nécessairement le plus grand et le plus petit de tous les rayons de l'arc qu'ils limitent. Il y aura donc, entre le mobile et le centre, un plus grand éloignement et un plus grand rapprochement, un apogée et un périgée, qui se reproduiront successivement , sans changer de grandeur.

Si la loi de l'attraction est telle que les deux rayons maximum et minimum soient sur un même axe, c'est-à-dire dans le prolongement l'un de l'autre , la trajectoire sera une courbe fermée symétrique par rapport à cet axe , comme la courbe a n b n' (fig. 28.) Le mobile restera alors indéfiniment dans la même courbe.

63. *Mouvement des planètes autour du soleil. Gravitation universelle.* — C'est ce qui a lieu dans le mouvement des planètes autour du soleil. La courbe ou orbite que l'attraction du soleil fait décrire à ces planètes , est un ovale régulier plus ou moins allongé , qu'on appelle une ellipse. Le calcul prouve, et on peut même reconnaître par la construction de la ligne polygonale que nous savons tracer , qu'il faut , pour qu'un mobile suive une courbe de cette espèce , que la force d'attraction varie dans le rapport inverse du carré de la distance au centre d'action. Cela veut dire que la force doit être d'autant plus petite que la distance sera plus grande

que si la distance est double , triple , quintuple , décuple
la force doit être quatre fois , neuf fois , vingt-cinq fois,
cent fois plus petite.

La loi de décroissance des forces dans le rapport inverse
des carrés des distances est donc celle qui régit les mouvements des corps célestes.

L'observation a montré en outre que l'attraction est la
même pour toutes les planètes ; c'est-à-dire qu'une quantité
de matière prise sur la terre et une même quantité prise sur
la planète Jupiter, par exemple, seraient attirées également,
si elles étaient placées à la même distance du soleil.

L'observation a prouvé encore que les planètes attirent de
même qu'elles sont attirées , mais proportionnellement à
leurs masses. Ainsi un corps qui serait placé à égale distance
du soleil et de la terre serait attiré 333,000 fois plus par
le soleil que par la terre , parce que la masse du soleil est
333,000 fois plus grande que celle de la terre. Un corps qui
est placé à la surface de la terre , comme celui que je sou-
lève , n'est attiré beaucoup plus fortement par la terre que
par le soleil, que parce qu'il est beaucoup plus près du centre de la terre que du centre du soleil , et le calcul prouve
que son poids reproduit précisément l'action attractive que
la terre doit avoir sur lui. La pesanteur est donc la même
chose que l'attraction planétaire.

On a établi ainsi qu'il y a , entre tous les corps matériels,
une même force attractive , qui est directement proportionnelle au produit des masses des deux corps qui s'attirent et
inversement proportionnelle au carré de la distance qui les
sépare. Cependant , comme nous le verrons plus loin, cette
loi paraît se modifier quand les distances sont extrêmement
petites , comme celles qui séparent les atômes de la matière

64. *L'attraction peut ne pas retenir le mobile.* — Nous
avons vu que quelle que soit la loi de l'attraction qui régira
un mouvement, si l'on détermine l'arc de la trajectoire com-

pris entre deux positions où les tangentes seront perpendiculaires et le mouvement qui aura lieu dans cet arc, on connaîtra tout ce qui se produira ensuite , parce que le même arc de trajectoire et les mêmes phases de mouvement reparaîtront périodiquement, d'une manière symétrique.

Cela arrivera toutes les fois que la force d'attraction sera assez grande pour rapprocher le corps du centre d'attraction, après un plus grand écartement dû à la vitesse primitive. Mais cette force pourra être insuffisante pour cela. Dans ce cas le mobile s'échappera , pour ainsi dire , et s'éloignera indéfiniment, malgré elle.

Dans le système du monde certains corps paraissent effectivement échapper à l'action du soleil ; après s'être rapprochés une première fois de cet astre , ils s'en éloignent indéfiniment. Beaucoup de comètes paraissent être dans ce cas. Elles viennent visiter notre système solaire ; mais leur vitesse les emporte ensuite au loin , probablement vers d'autres soleils.

65 *Si l'union des corps qui s'attirent est possible.*— Puisque le soleil attire à lui les corps célestes, on serait tenté de croire que chaque corps attiré doit aller s'unir au soleil. Nous venons de voir que cette union ne peut pas avoir lieu: quelle que soit la loi de l'attraction et quelles que soient les circonstances du mouvement initial, le corps attiré reste toujours en mouvement. Si sa vitesse ne l'emporte pas jusqu'à l'infini malgré l'attraction , cette attraction le fait tourner autour du centre d'action, par un mouvement périodique, dont les mêmes phases se renouvellent indéfiniment. Le principe de la conservation de la puissance de mouvement montre bien que l'union avec repos ne peut avoir lieu, puisque , par le repos , toute la puissance due à la vitesse initiale et au travail de rapprochement se trouverait anéantie. Le corps attiré ne pourrait toucher au point attirant qu'avec une vitesse représentant toute cette puissance, et alors cette vitesse le séparerait de nouveau de ce point.

Faut-il conclure de là que la réunion des parties de la matière est impossible ? Cependant le contraire semble se réaliser tous les jours sous nos yeux, et un grand nombre de faits prouvent que des corps célestes peuvent en rencontrer d'autres et leur rester fixement attachés. C'est que dans le choc qui résulte de la rencontre. la puissance de travail due à la vitesse acquise peut se transformer. Le mouvement de translation peut se changer en mouvement de forme ou en alterations de forme, et principalement en mouvement moléculaire ou chaleur. Deux corps qui se choquent peuvent rester unis ; mais alors leurs formes sont altérées et leurs chaleurs sont augmentées. Souvent de petits corps qui voyagent dans l'espace et que l'on peut regarder comme des planètes extrêmement petites, s'approchent tellement de la terre qu'ils tombent sur elle et s'y unisssent; mais à mesure qu'ils entrent dans notre atmosphère, l'énorme vitesse dont ils sont animés se transforme en chaleur. Ils prennent feu et souvent éclatent en fragments. Ce sont ces brillants météores que l'on voit, de temps à autre, tomber sur la terre et auxquels on donne le nom de bolides. Les étoiles filantes paraissent être des corps semblables, que le frottement dans notre atmosphère rend de même incandescents, mais qui n'y perdent pas une assez grande partie de leur vitesse pour rester attachés à la terre.

Il est très probable qu'un très grand nombre de ces petits corps tombent sur le soleil et s'y unissent, et l'on est disposé à croire que c'est la chaleur produite par leurs chocs qui entretient ce lle du soleil.

On pourrait même aller au delà et croire aussi, que la chaleur primitive du soleil et des autres corps célestes pourrait être attribuée aux chocs des parties de la matière les unes sur les autres, lorsqu'elles se sont unies pour former ces corps.

66. *Double mouvement d'un corps frappé.* — Lorsque

toutes les parties d'un corps sont sollicitees également et dans la même direction par une force , le corps n'éprouve qu'un mouvement de translation : toutes ses parties marchent parallèlement. Mais si la force n'agit, pendant un certain temps, que sur une partie du corps, ce corps reçoit un double mouvement ; son centre prend le même mouvement que si la force y était appliquée, et la force le fait en même temps tourner autour de ce centre , comme s'il était fixe ; mais cette force doit alors, nécessairement, dépenser plus de puissance que si elle était en effet appliquée au centre , puisqu'elle produit deux mouvements au lieu d'un. (1)

Quand un corps se meut sous l'action d'un choc , il y a presque toujours un double mouvement ; car il est très rare que le choc soit dirigé exactement sur le centre du corps. La puissance de travail donnée au système, est alors égale à la somme de celle qui est relative au mouvement de translation du centre et de celle qui est relative au mouvement de rotation.

On remarque que tous les corps célestes ont les deux mouvements. C'est , nous le savons , le mouvement de rotation de la terre qui produit le jour et la nuit. Les mouvements de rotation des planètes sont uniformes , parce qu'ils proviennent de chocs qui ont cessé d'agir , et les mouvements de translation sont variés , parce qu'ils sont dus à l'action toujours subsistante de l'attraction.

67. *Résumé* — Résumons les principaux résultats de notre étude sur les mouvements de position.

Quand un corps a reçu un mouvement et que toute force a cessé d'agir sur lui , il marche en ligne droite avec une vitesse constante.

(1) La note *G* donne un exemple et des explications qui, je crois, feront bien comprendre comment se produit le double mouvement dont il s'agit.

S'il est sollicité , dans la direction même de sa marche , par une force permanènte dont l'intensité reste toujours la même , son mouvement est uniformément varié. Sa vitesse augmente de la même quantité dans chaque unité de temps, et l'espace qu'il parcourt dans un intervalle de temps , s'obtient en prenant une moyenne entre la vitesse primitive et la vitesse finale et en la multipliant par le temps.

Quand la force permanente qui sollicite un mobile n'est pas dirigée dans le sens de sa marche , cette force tendant a ramener le mobile dans sa direction , lui fait parcourir une ligne courbe.

Si pendant le mouvement la force ne change ni de grandeur ni de direction, la courbe décrite se détermine facilement , en estimant le mouvement suivant deux directions . l'une perpendiculaire l'autre parallèle à la force. Suivant la première de ces directions, le mouvement est uniforme; suivant la seconde, il est uniformément varié. La combinaison de ces deux mouvements donne la position du mobile à chaque instant. L'ensemble des positions ainsi déterminées forme une courbe plus ou moins allongée , que l'on nomme une parabole.

La pesanteur ferait suivre une courbe de cette espèce à tout projectile lancé au-dessus de la terre, si le mouvement avait lieu dans le vide ; mais la résistance de l'air modifie un peu les vitesses produites et la forme de la courbe.

Quand l'intensité et la direction de la force changent avec la position du mobile , on peut encore se rendre compte du mouvement produit ; mais il faut pour cela supposer que l'action , au lieu d'être continue , s'exerce par petits chocs successifs, et déterminer les effets de la succession de ces chocs.

Pour montrer comment cela peut se faire , nous avons examiné le cas où la force attire le mobile vers un centre.

Dans ce cas , l'attraction peut retenir ce mobile ou le laisser échapper.

Quand elle est assez puissante pour le retenir , il se-produit un plus grand éloignement, un apogée, après lequel la distance diminue, et ensuite un plus grand rapprochement, un périgée , après lequel la distance augmente de nouveau. Le mouvement qui a eu lieu une fois entre un apogée et un périgée , se reproduit périodiquement , en passant toujours par les mêmes phases , en sorte que le mobile tourne indéfiniment de la même manière autour du centre.

Quand l'apogée et le périgée d'un mouvement sont sur un même axe , la courbe du mouvement est fermée et symétrique par rapport à cet axe.

C'est ce qui a lieu dans le mouvement des planètes autour du soleil. La forme de la courbe de ce mouvement prouve que l'attraction change avec la distance et varie en raison inverse du carré de la distance. La mesure des mouvements produits prouve en outre qu'il y a , entre tous les corps matériels , une même action ; c'est-à-dire qu'à une même distance, des parties égales de matière s'attirent avec la même force , à quelque corps céleste qu'elles appartiennent.

Le principe de la conservation de la puissance de mouvement établit que l'attraction ne peut pas unir les corps avec repos. Si cependant des faits prouvent que cette union a souvent lieu , c'est parce que au moment de la réunion , le choc peut donner lieu à une transformation de la puissance de travail.

Quand le mouvement d'un corps est produit par un choc qui n'a agi que sur une de ses parties , le mouvement est double. Le centre du corps prend le même mouvement que si la force y avait été appliquée directement , et le corps tourne autour de son centre , comme si ce centre était fixe.

VIᵉ LEÇON.

—

Mouvements de forme, production des sons.

68. *Équilibre des forces, équilibre stable et équilibre instable.* — Quand un corps est soumis à l'action d'une ou de plusieurs forces qui changent de direction et de grandeur avec sa position, il y a ordinairement, une ou plusieurs positions pour lesquelles l'action ou la résultante des forces est nulle. Si le mobile est placé sans vitesse dans l'une de ces positions, il y restera en repos, parce que les effets des forces se détruiront : il sera dans une position d'équilibre.

On distingue deux espèces de position d'équilibre.

Supposons qu'un corps en repos soit un peu écarté d'une position où il était en équilibre. Le changement fera naître une force, et il pourra arriver deux cas : cette force tendra à écarter le corps de la position d'équilibre, ou elle tendra à le ramener à cette position.

Dans le premier cas, elle emportera le corps au loin, et il se produira un mouvement de déplacement.

Dans le second cas, elle le ramènera vers la position primitive, et elle lui donnera en même temps une vitesse qui lui fera dépasser cette position. Mais quand il la dépassera, il se produira une force contraire qui, après avoir détruit sa vitesse, le ramènera de nouveau. Il se fera ainsi, auprès

9

de la position d'équilibre, un mouvement de va et vient, qu'on appelle mouvement d'oscillation (1).

Je prends ce corps M fixé par son centre à l'extrémité d'une tige (fig. 29). Si j'appuie cette tige contre la table, dans une position parfaitement verticale, le corps en haut, comme en A, ce corps sera en équilibre, parce que la force de la pesanteur, qui agira sur lui, sera détruite par la résistance de la tige ; mais la moindre déviation de la verticale tendra à s'accroître, et le renversement se produira. Si au lieu de placer le corps en haut par rapport à la tige, je le place en bas, comme en B ; c'est à dire si je le suspens, en attachant l'extrémité de la tige, il sera de même en équilibre quand la tige sera parfaitement verticale, et si je l'écarte de la position qu'il occupera alors, il y sera ramené par la pesanteur, et il oscillera, comme vous le voyez, de chaque côté de cette position.

Dans le premier cas, l'équilibre est instable, il est stable dans le second.

Nous ne voyons presque jamais les corps dans des positions d'équilibre instable, parce que le moindre accident leur fait abandonner ces positions, quand par hasard ils les occupent sans vitesse. Nous pouvons dire que dans toutes les positions où les corps nous paraissent en repos absolu ou relatif, ils sont dans des positions d'équilibre stable. Dans ces positions, ils sont presque toujours en oscillation ; mais très souvent, les oscillations sont imperceptibles.

69. *Forme des corps. Mouvement dû à un changement de forme général. Vibrations.* — Les situations relatives des parties d'un même corps constituent la forme de ce corps.

____

(1) Je n'ai pas besoin de faire remarquer que le corps ne peut pas rentrer de lui-même en repos, car si cela arrivait, la puissance mécanique qui a produit le dérangement serait anéantie, ce qui est impossible.

Ces situations sont des positions d'équilibre stable ; car si on modifie un peu la forme du corps, il tendra de lui même à la reprendre, c'est-à-dire qu'il se produira des forces qui ramèneront les parties dans leurs positions premières. Après le retour, ces positions seront dépassées, à cause des vitesses que les forces produites auront imprimées aux parties du corps. Elles seront dépassées de distances égales aux déplacements primitifs , mais de sens contraire , de manière que les vitesses imprimées seront detruites par des forces égales et contraires à celles qu'on a d'abord fait naître. Puis les nouvelles forces ramèneront, à leur tour, les parties vers les positions d'équilibre, et il se produira ainsi une série de changements de forme alternatifs.

En pressant un peu cet anneau métallique suivant un diamètre, nous changeons sa forme : de circulaire, elle devient un peu ovale. Si après l'avoir ainsi comprimé, nous abandonnons brusquement l'anneau à lui même, il tendra à reprendre sa forme circulaire ; mais ses diverses parties, en arrivant aux positions d'équilibre, seront animées de vitesses qui leur feront dépasser ces positions, de la même quantité dont elles en avaient été écartées par la compression. Il en résultera un autre ovale, dont le grand axe sera perpendiculaire à celui du premier. Le premier ovale se reproduira ensuite et les deux formes seront ainsi successivement reprises.

Les oscillations de forme sont ordinairement très rapides. On leur donne alors le nom de vibrations.

70. *Elasticité des corps.* — Tous les corps ne semblent pas pouvoir ainsi reprendre leur forme primitive quand on l'a modifiée. Si l'anneau que nous venons de prendre pour exemple est en acier trempé, on pourra faire subir un très grand changement à sa forme circulaire, il l'a reprendra toujours ; mais s'il est en plomb, il semblera ne la reprendre jamais. Il la reprendra cependant dans le cas où le change-

ment aura été extrêmement faible. Il faut concevoir que dans le plomb, de très faibles changements suffisent pour faire passer les parties déplacées de positions d'équilibre stable à d'autres positions d'équilibre également stable, qu'elles conservent, au lieu de retourner aux premières.

La faculté d'éprouver des changements de forme assez notables, sans que cette forme reste altérée, constitue l'élasticité des corps. Elle est très variable avec la nature du corps : très grande dans l'acier trempé, elle est presque nulle dans le plomb.

71 *Mouvement dû à un changement de forme local. Ondulations.* — Nous venons de supposer que le changement que l'on faisait subir à la forme d'un corps, était général et comprenait toutes ses parties ; mais quand le corps est étendu, on peut très bien ne modifier brusquement sa forme que dans une partie. Quand je frappe sur cette table, avec cette clef, je produis, à l'endroit où je frappe, une dépression qu'on n'aperçoit pas, mais qui est cependant très réelle.

Un changement de forme ainsi réduit à une petite étendue d'un corps (1), ne donne pas lieu à une oscillation régulière, comme celles dont nous venons de nous occuper. Voici ce qui arrive :

Puisque le changement de forme produit est limité à une certaine étendue, à côté des molécules déplacées il y

---

(1) Dans cette étude, je donne au mot forme une acception plus étendue que celle qu'on lui attribue ordinairement. Ce mot ne doit pas signifier pour nous la figure de la surface extérieure seulement, mais l'arrangement relatif de toutes les parties ; en sorte qu'une altération de forme peut se faire intérieurement et ne pas affecter d'abord la figure extérieure du corps. Je comprends même, sous le nom de forme, la disposition relative d'un assemblage de corps reliés entre eux.

en a qui ne le sont pas; mais la situation de celle-ci est cependant changée, et les actions auxquelles elles sont soumises ne se faisant plus équilibre, ces molécules vont se mettre en mouvement. Quand elles se seront elles-mêmes déplacées, celles qui viendront immédiatement après auront aussi changé de situation relative, et se mettront en mouvement à leur tour, et ainsi de proche en proche. Un changement de forme ou un petit mouvement produit dans une partie d'un corps, doit donc donner lieu à un mouvement qui s'étend successivement aux autres parties, en se communiquant de l'une à l'autre. L'expérience nous montre à chaque instant que c'est en effet ce qui arrive.

Voici un cordon attaché d'un mur à l'autre, dans cette salle. Il n'est que très faiblement tendu et affecte une forme courbe. Sous cette forme, ses différentes parties sont tenues en équilibre, entre les actions de leurs poids et celles des forces de cohésion qui unissent les molécules du cordon les unes aux autres. Je trouble cet équilibre sur une petite étendue, soit en modifiant un peu la courbure d'une partie du cordon, soit par un léger choc. Vous voyez que le mouvement se propage de chaque côté de l'endroit touché et paraît courir sur le cordon avec une grande vitesse.

Vous pensez sans doute en ce moment à un autre exemple de cette propagation de mouvement ou de changement de forme dans le corps : celui des petites ondes qui courent à la surface des liquides. Une nappe d'eau en repos sous l'action de la pesanteur présente une surface horizontale parfaitement plane ; mais le moindre mouvement, la moindre altération de forme produits en un point de cette surface d'eau, se propagent circulairement autour de l'endroit touché, sous la figure d'un anneau, dont la grandeur croît uniformément et qui communique ainsi successivement la modification de forme à toute la surface.

Les effets de propagation des mouvements partiels dans les corps se nomment des ondulations.

72. *Remarque sur les mouvements ondulatoires et oscilla-toires.* — Les ondulations sont certainement des mouvements de même nature que les oscillations. Le mouvement oscillatoire peut même n'être considéré que comme un cas particulier du mouvement ondulatoire ; celui où le mouvement primitif a embrassé le système entier du corps ou de l'assemblage. Cependant il y a à faire sur ces deux sortes de mouvements des remarques différentes, qui offrent un grand intérêt et qu'il convient de présenter séparément.

73. *Le temps d'une oscillation est indépendant de la grandeur du dérangement qui l'a produite.* — L'étude des mouvements d'oscillation a fait reconnaître que tous ces mouvements sont assujettis à une règle commune très remarquable : le temps d'une petite oscillation, de quelque nature qu'elle soit, est indépendant de son amplitude, c'est-à-dire de la grandeur du déplacement qui y a donné lieu. Si un mobile m (fig. 30), en oscillant de chaque côté de sa position d'équilibre O, met un certain temps pour parcourir les déplacements égaux A O et O B, c'est-à-dire pour faire son oscillation A B, il mettra le même temps pour faire une oscillation $a\,b$, dont la grandeur ne serait que la moitié de celle de l'oscillation A B, ou n'en serait que le tiers, la dixième partie, la centième partie, etc.

La démonstration de cette loi des petites oscillations est assez facile à établir. Cependant, comme elle exige une digression sur le rapport de dépendance des choses dans le cas de très petits changements, il convient de la renvoyer à une note (1).

Je me bornerai ici à dire seulement un mot de la cause. Si un corps un peu dérangé de sa position d'équilibre, y repasse toujours, dans le même temps, quoiqu'un dérangement soit double, triple, décuple... d'un autre, cela tient à ce que

(1) Voir la note *H*.

la force qui se produit pour ramener le corps est proportionnelle au dérangement. Quand le dérangement est double, la force étant double, les vitesses produites au retour sont doubles et, par conséquent, le chemin double est fait dans le même temps que le chemin simple.

La loi dont nous nous occupons fournit un moyen de mesurer le temps avec exactitude. Comme on est certain, en faisant osciller un corps, que le même temps correspondra toujours au même nombre d'oscillations, malgré les variations de grandeur que ces oscillations pourront subir, on fait régler par des oscillations la marche des aiguilles des montres et des pendules. Dans les montres, le corps qui oscille est attaché à l'extrémité d'un ressort spirale qui s'enroule et se déroule alternativement d'une petite quantité. Dans les pendules, le corps oscillant est une petite masse, qui se balance à l'extrémité d'une tige.

74. *La vitesse de propagation d'une ondulation est indépendante de la grandeur du mouvement propagé.* — Dans les mouvements d'ondulation, c'est-à-dire dans la propagation des mouvements de forme partiels, il y a une loi aussi remarquable que celle que nous venons de reconnaître dans les mouvements d'oscillation et qui résulte du même principe, de la proportionnalité des forces aux déplacements qui les produisent, quand ces déplacements sont très petits.

Les petits mouvements de forme se propagent tous, dans le même corps, avec la même vitesse, quelles que soient leurs grandeurs relatives. Un mouvement ou changement de forme partiel double, triple, décuple... d'un autre, ne marche ni plus vite ni moins vite que celui-ci. Ainsi sur ce cordon que j'ai suspendu entre les deux murs de la salle, vous voyez l'effet d'un très petit attouchement courir d'une extrémité à l'autre aussi vite que celui d'un choc beaucoup plus fort.

Pour nous rendre compte de cette loi, il sera nécessaire d'examiner comment se fait la communication du mouvement entre les corps. Comme cet examen nous entraînerait dans une nouvelle digression, je crois devoir encore le renvoyer à une note (1).

75. *Longueur constante des ondes.* — Puisque la vitesse de propagation des mouvements ondulatoires est independante de la grandeur de ces mouvements, toutes les parties d'un mouvement courront dans un corps avec la même vitesse et cette vitesse sera partout la même. Par conséquent, quand un mouvement aura embrassé une certaine longueur du corps dans le sens de la propagation, il embrassera cette même longueur dans toute sa marche ; car le commencement restera toujours à la même distance de la fin. Une onde conserve toujours la même longueur en se propageant ; mais cela n'est vrai, il faut bien le remarquer, que si le corps est homogène, c'est-à-dire de même nature et constitué de mê e dans toute son étendue ; car la vitesse de propagation d'un mouvement dans un corps dépend de la nature de ce corps, de son degré d'élasticité, etc. Ainsi sur ce cordon, la propagation d'un mouvement se fera beaucoup plus vite quand il sera fortement tendu, que quand il le sera faiblement.

76. *Variation d'intensité des mouvements ondulatoires dans la propagation.* — Je fais encore remarquer qu'il n'y a que l'amplitude de l'onde dans le sens du mouvement qui se maintient ainsi sans changement, et que les mouvements eux-mêmes qui constituent l'onde, ne conservent pas en général leurs grandeurs. Ils ne doivent les conserver que si la propagation se fait suivant la longueur d'un corps qui, dans toute cette longueur, présente les mêmes dimensions et le même poids, comme une corde, une barre cylindrique

(1) Voir la note I.

ou prismatique, un canal de liquide régulier, etc. Si en s'écartant du centre d'ébranlement, le mouvement se communique à des masses de plus en plus grandes, comme cela arrive quand le mouvement primitif et partiel est produit à l'intérieur d'un corps, l'intensité de ce mouvement en chaque lieu doit diminuer dans le rapport inverse des masses ébranlées. En effet, le mouvement donné représente une quantité de puissance de travail qui doit toujours rester la même. Si la masse devient double, la quantité de puissance par unité de masse doit évidemment être réduite à moitié.

Un ébranlement produit à l'intérieur d'un corps homogène doit se propager suivant une surface de sphère, ou une portion de surface de sphère, puisqu'il marche dans tous les sens avec la même vitesse, et la grandeur de la masse ébranlée doit augmenter comme la surface de la sphère, puisque l'épaisseur de l'onde reste partout la même ; mais la surface de la sphère croîtra proportionnellement au carré de la distance au centre de l'ébranlement ; l'intensité du mouvement, c'est-à-dire la puissance de travail par unité de masse, devra donc diminuer dans le rapport inverse.

A une distance double, l'intensité est réduite au quart ; à une distance triple, elle est réduite au neuvième ; à une distance décuple, au centième, etc.

77. *Coexistence sans trouble de plusieurs mouvements ondulatoires.* — Je dois signaler une autre loi remarquable du mouvement ondulatoire : c'est que, dans un corps, divers mouvements de cette espèce peuvent se propager dans différentes directions sans se nuire, sans se troubler. Lorsque deux ondes marchant dans deux directions différentes, viennent à se rencontrer, le mouvement unique que des molécules reçoivent, produit, pour les molécules voisines, les mêmes effets qu'auraient produits séparément les deux

mouvements qui se sont composés, et la propagation se
continue sans trouble, après la rencontre, comme si cette
rencontre n'avait pas eu lieu. Cette loi n'est qu'une conséquence de l'indépendance des effets des forces.

78. *Le son est la propagation dans l'air des mouvements
vibratoires des corps.* — Vous savez que la terre est entourée
d'un corps fluide dans lequel nous sommes plongés et qu'on
appelle l'air. Ce corps, comme tous les gaz, est très-léger
et ses molécules sont, par conséquent, beaucoup plus éloi-
gnées les unes des autres que celles des corps solides. Elles
sont tenues à ces grandes distances par des forces qui, en
chaque point, font équilibre au poids considérable des molécules placées au-dessus, puisqu'elles les empêchent de
tomber. Ces forces produisent, sur tous les corps que l'air
enveloppe, une pression à très peu près égale à 10,000 kilogrammes par chaque surface d'un mètre carré. Elles
permettent cependant le rapprochement des molécules,
c'est-à-dire la compression de l'air, mais elles augmentent
alors proportionnellement à cette compression, et rendent
par conséquent le corps très élastique.

Il suit de là que le moindre trouble apporté dans l'équilibre de l'air, le moindre mouvement donné à quelques-unes
de ses molécules, doit se propager par ondulation dans
toute la masse. Un corps qui vibre dans l'air met en mouvement les molécules de cet air voisines de sa surface, soit
en les frappant, soit en s'en retirant, et la série de ses oscillations produit une série d'ondes, qui courent toutes à la
suite les unes des autres, avec la même vitesse.

L'auteur de toutes choses s'est servi de ces effets pour
donner à chaque animal un moyen de percevoir les mouvements vibratoires qui se produisent dans les corps et de
communiquer à distance avec les autres animaux. L'oreille
frappée par une série d'ondes qui courent dans l'air, est
avertie qu'un mouvement vibratoire se produit, ou s'est pro-

duit, dans la direction d'où les ondes paraissent venir. Affectée différemment suivant la forme ou la longueur des ondes, elle apprecie la nature des vibrations qui se sont faites et la rapidité avec laquelle elles se sont exécutées.

Le son n'est donc que la propagation dans l'air des mouvements vibratoires imprimés aux corps. Uu choc est toujours accompagné d'un bruit, parce que, dans le choc, une partie de la puissance de travail due aux vitesses des corps qui se rencontrent, est toujours transformée en mouvement de forme ou vibrations. Ce mouvement de forme s'éteint ordinairement assez rapidement, par le fait même de sa transmission à l'air.

Les animaux ont la faculté de produire eux-mêmes des vibrations dans certaines parties, ou avec certaines parties de leurs corps , qui ne sont pas les mêmes pour les différentes classes d'animaux. Ils émettent ainsi des sons qui sont perçus par les animaux voisins, et tous peuvent par là se mettre en rapport les uns avec les autres , à d'assez grandes distances.

Chez l'homme, ce moyen de communication est beaucoup plus parfait que chez les autres animaux et constitue une grande partie de sa puissance. Sans la parole l'homme n'aurait probablement jamais pu dominer la nature.

79. *Conditions de la perception des sons.* — Il faut que les vibrations se fassent avec une certaine rapidité pour qu'elles soient perçues par l'oreille. Elle est à peu près insensible lorsque le nombre de ces variations n'est pas, au moins, de 32 par seconde. Il paraît qu'elle le devient également lorsque la rapidité est extrêmement grande ; lorsqu'il y a plus de 20,000 vibrations à la seconde.

C'est la parfaite égalité de vitesse avec laquelle tous les mouvements ondulatoires et toutes les parties de chacun de ces mouvements se propagent dans l'air, qui a permis de faire servir cette propagation à une communication à distance. Il est évident que sans cette égalité, il n'aurait pu y avoir qu'une perception confuse, puisque les différents mouvements et les différentes phases d'un mouvement n'auraient pas été perçus dans l'ordre où ils auraient été produits.

80. *Vitesse du son dans l'air.* — Cette vitesse de propagation, c'est-à-dire la vitesse du son dans l'air, est facile à déterminer par l'expérience. Elle a été trouvée de 337 mètres par seconde. Ce n'est pas là une vitesse excessive : un boulet de canon en a une plus grande : il arrive avant le bruit de l'explosion.

81. *Longueur des ondes sonores.* — La longueur de l'onde produite dans l'air par chaque vibration d'un mouvement vibratoire, est évidement égale à la vitesse du son dans l'air multiplié par la durée de la vibration. Si, par exemple, cette durée est d'un centième de seconde, il est clair que la longueur de l'onde produite sera le chemin fait par le son pendant ce temps, c'est-à-dire la centième partie de 337 mètres, ou ce qui est la même chose, 337^m multiplié par $\frac{1}{100}$: elle sera de 3^m 37.

82. *Effets d'accords produits par plusieurs sons, lorsque les durées des vibrations sont en rapport simple. Musique.* — Si la durée des vibrations d'un mouvement est exactement la moitié de celle des vibrations d'un autre mouvement, les ondes produites par ce dernier mouvement seront exactement doubles en longueur de celles produites par le premier. Il suit de là que si elles marchent ensemble, elles se succèderont toutes de la même manière. Les mêmes parties se correspondront sur chaque distance égale à une longueur des grandes ou à deux longueurs des petites. L'effet sur l'oreille des deux séries d'ondes sera le même que celui d'une seule série d'ondes de même longueur que les grandes, mais d'une forme différente de celles des grandes et des petites. Il y aura un certain son résultant, fort sem-

blable aux deux autres, mais produisant cependant une sensation un peu différente, qu'on appelle en musique un accord d'octave.

Si les durées des vibrations des deux mouvements sont dans le rapport des nombres 2 et 3, les deux séries d'ondes, en marchant ensemble, produiront le même effet qu'une seule série d'ondes d'une autre forme, dont la longueur serait double de celle des premières ou triple de celle des secondes, et l'oreille éprouvera une sensation particulière ; celle d'un accord de quinte.

Quand les durées des vibrations sont dans le rapport de 3 à 4, la sensation résultante est celle de l'accord de quarte.

Pour le rapport de 4 à 5, on a l'accord de tierce.

La simultanéité des sons ne produit des sensations agréables que lorsque les durées de vibrations sont ainsi dans les rapports simples, parce qu'alors les mêmes effets se reproduisant à de petits intervalles, affectent l'oreille comme une série unique d'effets semblables. Quand les rapports ne sont pas simples, l'oreille ne reçoit qu'une succession d'effets différents ; il y a dissonnance.

La musique est l'art de combiner les accords des sons pour produire sur les auditeurs des impressions agréables ou émouvantes. Je ne parlerai pas de la puissance de cet art ; ce serait sortir de notre sujet.

83. *Résumé.* — Je vais, comme à l'ordinaire, résumer les résultats de notre dernière étude.

Quand un corps ou un système de corps sont dans une position telle que tous les effets des forces s'annulent réciproquement, il y a équilibre, c'est-à-dire que si le système est placé en repos dans cette position, le repos doit subsister.

Il y a des situations d'équilibre de deux espèces ; les situations d'équilibre stable et les situations d'équilibre instable.

L'équilibre est stable, quand les actions qui résultent d'un petit dérangement tendent à ramener le système à la position où il était; il est instable, quand ces actions tendent au contraire à accroître le dérangement.

Dans ce dernier cas, celui de l'équilibre instable, un petit dérangement est suivi d'un grand mouvement par lequel la position d'équilibre est abandonnée.

Dans le premier cas, celui de l'équilibre stable, le petit dérangement est suivi d'un mouvement de va et vient auprès de la position d'équilibre, qu'on appelle un mouvement d'oscillation.

Les différentes parties d'un corps sont les unes par rapport aux autres dans des positions d'équilibre stable. L'ensemble de ces positions relatives constitue la forme du corps.

Quand on fait subir à cette forme un petit changement général, le corps tend à la reprendre; mais comme les vitesses de ses parties leur font dépasser leurs positions d'équilibre, il prend une forme inverse de celle qui lui a été donnée, puis revient à celle-ci, et il se produit ainsi une série d'oscillations de forme, auxquelles on donne le nom de vibrations.

Quand l'altération de forme produite dans un corps n'est que locale, c'est-à-dire quand on ne dérange, quand on ne met en mouvement, qu'une partie du corps, le changement et le mouvement se commnniquent de proche en proche, ou plutôt passent successivement d'une partie à une autre, par un effet auquel on donne le nom d'ondulation.

Les mouvements d'oscillation ou de vibration et les mouvements d'ondulation sont assujettis à des lois remarquables.

Quand le dérangement qui a donné lieu à une oscillation est très petit, le temps de l'oscillation est indépendant de la

grandeur du dérangement. Une oscillation due à un dérangement vingt fois, par exemple, plus petit qu'un autre déjà
très petit, s'exécute cependant dans le même temps que
l'oscillation due à cet autre dérangement.

La vitesse de propagation d'une ondulation dans un milieu homogène est indépendante de la grandeur des dérangements et des mouvements qui constituent l'onde, pourvu
que ces dérangements ou mouvements soient très petits.
Ainsi de petits mouvements vingt fois, cent fois plus grands
que d'autres, ne se propagent, ni plus vite ni plus lentement
que ceux-ci.

Mais l'intensité des mouvements eux-mêmes diminue à
mesure qu'ils se propagent, parce que ces mouvements se
communiquent à des masses de plus en plus grandes. Cette
intensité, ou puissance de travail par unité de masse, varie
en raison inverse du carré de la distance au point de départ
de l'ébranlement.

Plusieurs mouvements d'ondulation se propagent à la fois
dans le même corps ou milieu sans se troubler. Après la
rencontre, la propagation de chaque mouvement se fait,
comme si cette rencontre n'avait pas eu lieu.

Le son n'est que la propagation dans l'air de petits mouvements qui lui sont communiqués par les vibrations des
corps.

Le sens de l'ouïe rend les animaux sensibles aux ondulations produites dans l'air par ces vibrations, et leur donne
ainsi la faculté de percevoir les mouvements vibratoires des
corps et un moyen de communiquer entr'eux, à distance.

Le son se propage dans l'air avec une vitesse de 337 mètres
par seconde.

Quand les temps des vibrations de deux corps sont en rapport simple, c'est-à-dire sont tels qu'un petit nombre de

vibrations de l'un des corps correspond exactement à un autre petit nombre de vibrations de l'autre corps, la simultanéité des deux sons produit , sur l'oreille, l'effet d'un seul
son et une sensation particulière , qu'on appelle un accord.
La musique est l'art de combiner les accords de manière
à produire, sur les auditeurs, des impressions agréables ou
émouvantes.

VIIe LEÇON.

—

Mouvements moléculaires, chaleur et lumière.

84 *Mouvements intérieurs d'un système de masses unis par des ressorts.* — Reportons nous au numéro 28 de ces leçons, dans lequel nous avons appliqué le principe de la conservation de la puissance mécanique au mouvement de deux boules ou masses égales unies par un ressort. L'écartement ou le rapprochement qui a donné lieu au mouvement, a été produit par la dépense d'une certaine quantité de puissance de travail. Comme cette puissance ne peut pas se consommer, elle doit se retrouver tout entière, et toujours, dans le système des deux masses en mouvement A chaque instant elle se compose de la puissance due aux vitesses dont les masses sont animées et de la puissance due à la tension du ressort. Nous savons comment ces quantités de puissance peuvent s'évaluer en kilogramètres : A quelqu'instant que l'on fasse le calcul, la somme des deux quantités sera toujours la même. Aucune partie de la puisssance qui a été transmise au système ne peut en sortir, à moins qu'il ne soit mis en rapport avec un autre système, auquel il puisse la communiquer.

Au lieu d'un système de deux boules, nous pouvons en considérer un autre composé d'un très grand nombre de

boules unies de même entr'elles , par des ressorts. Si ces
boules sont en mouvement les unes par rapport aux autres ,
il y a dans l'assemblage une certaine quantité de puissance
mécanique due , partie aux vitesses des boules , partie aux
tensions des ressorts. Cette quantité de puissance doit toujours rester la même. Le système contient un nombre de kilogramètres , qui , en vertu du principe de la conservation
de la puissance de travail , ne peut ni diminuer , ni augmenter, si ce système reste parfaitement isolé de tout autre.

85. *Communications de ces mouvements à d'autres systèmes semblables.* — Supposons que nous ayons un autre
système exactement pareil, mais dans lequel il n'y ait ni aucun mouvement , ni aucune tension de ressort, et qui , par
conséquent , ne contienne aucune puissance de travail. Mettons ce second assemblage de boules en contact avec le premier. Le mouvement de celui-ci va se communiquer à l'autre,
parce que ses boules en mouvement choqueront les boules
du second, ou comprimeront les ressorts interposés. Cette
communication se fera par une série d'ondulations successi-
ves , mais ces ondulations se réfléchissant tantôt sur un
point , tantôt sur un autre point de la surface du second assemblage, le parcourront dans tous les sens et produiront,
ainsi , une agitation générale qui ira croissant, tant qu'elle
ne sera pas aussi forte que dans le premier système. Quand
elle sera devenue la même dans les deux, le second système
contiendra la même puissance de travail que l'autre. Celle
qui existait dans le premier se sera partagée également entre les deux. Si elle était de 100 kilogramètres, elle sera
de 50 dans chacun. Le temps nécessaire pour que le partage se fasse, dépendra de beaucoup de choses : de l'étendue des systèmes , du mode d'assemblage des boules , du
contact plus ou moins large , plus ou moins intime , établi
entre les deux systèmes, etc.

Si le système en repos, qui est mis en contact avec le système en mouvement , est constitué de même , c'est-à-dire avec les mêmes boules et les mêmes ressorts , arrangés de même , mais a une étendue plus petite ou plus grande , la puissance mécanique ne se partagera plus également. Elle se partagera proportionnellement à l'étendue de chaque système ; car les deux systèmes unis ne formant qu'un tout homogène, il n'y aura pas de raison pour que l'agitation soit plus grande à un endroit qu'à un autre.

Si le second système est non-seulement plus ou moins étendu que le premier , mais constitué différemment , avec des boules de grosseurs différentes , arrangées autrement , avec d'autres ressorts, etc, on ne pourra plus dire dans quel rapport se fera le partage de la puissance de travail primitive. Le second système prendra de la puissance au premier, tant qu'il ne lui en rendra pas autant qu'il en recevra ; car on doit concevoir que lorsque deux systèmes seront en contact , le mouvement passera continuellement dans les deux sens , de l'un à l'autre , par des ondulations, qui se rencontreront sans se détruire. Quand l'équilibre de transmission se sera établi , le partage des kilogramètres entre les deux systèmes dépendra de leur constitution. Il sera possible que le second soit constitué de telle manière que , pour l'équilibre , il prenne autant de puissance qu'une étendue, ou bien un poids, double, triple . . . décuple . . d'un système constitué comme le premier.

86. *Application aux corps de la nature.* — Ces systèmes de boules unies par des ressorts, que je viens de considérer, sont des images des corps de la nature. En effet toutes les observations prouvent que les corps sont composés de très petites parties ou molécules , qui sont unies et cependant tenues écartées comme par des ressorts. On peut , par un effort, augmenter ou diminuer l'étendue d'un corps, c'està-dire éloigner ou rapprocher les parties ou molécules les unes des autres ; mais ces molécules tendent alors d'elles

mêmes à revenir aux distances d'équilibre. Elles sont dans le même cas que les boules de nos systèmes.

Elles ne peuvent pas être en repos ; car les chocs et les frottements des corps en mouvement de position , les vibrations de forme, etc. doivent nécessairement déplacer ces molécules les unes par rapport aux autres et leur communiquer une certaine quantité de puissance de travail , due à la fois à leurs vitesses et à leurs écartements ou leurs rapprochements.

Cette quantité de puissance mécanique due aux mouvements relatifs des molécules d'un corps, peut diminuer, soit en se communiquant aux molécules d'autres corps , soit en se transformant en mouvements de position ou en mouvements de forme , ou augmenter par des effets contraires.

Mais si l'on suppose qu'il ne se passe aucune circonstance qui puisse donner lieu à une transformation de mouvement et que plusieurs corps soient simplement mis en contact les uns avec les autres , les quantités de puissance de travail qu'ils contiendront par l'agitation de leurs molécules, se répartiront entr'eux de telle manière qu'il y ait équilibre de transmission de puissance , comme pour les systèmes de boules dont nous venons de nous occuper.

87. *La chaleur n'est pas autre chose que l'effet des mouvements moléculaires.* — La manifestation de cette puissance de travail qui doit exister dans les corps en raison des mouvements relatifs de leurs molécules, n'est pas autre que cette chose que nous appelons chaleur ; car il est facile de voir que tous les effets qu'on peut attendre des mouvements moléculaires, sont précisément ceux qui sont produits par la chaleur.

La chaleur se communique, se partage, s'équilibre, entre les corps, de la même manière que doit le faire une quantité de kilogramètres due à l'agitation des molécules de ces corps.

88 *Dilatation.* — Il est clair que l'accroissement de l'agi-

tation moléculaire d'un corps doit produire l'effet d'un accroissement de volume·. d'une extension du corps ; car plus
les oscillations des molécules seront fortes, plus il leur faudra de place pour s'exécuter. C'est effectivement ce que produit l'accroissement de la chaleur, Tous les corps augmentent plus ou moins de volume à mesure que la chaleur aug·
mente ; ils se dilatent.

C'est précisément cet effet de dilatation qu'on prend pour
mesurer la chaleur. On dispose un corps qu'on appelle ther-
momètre, de manière que les variations de volume en soient
très sensibles et puissent facilement être constatées. Par
l'examen de ce volume, on juge de la plus ou moins grande
intensité des mouvements moléculaires, je veux dire de la
chaleur du corps, et , par conséquent , de celle des corps
qui sont en équilibre de température avec lui.

89 *Conductibilité.* — On conçoit que suivant la constitution des corps , la grosseur , l'écartement , le mode de réunion, etc. de leurs molécules, l'équilibre de mouvement doit
mettre plus ou moins de temps à s'établir dans chaque corps
et entre plusieurs corps. C'est ce qui a lieu pour la chaleur.
Certains corps s'échauffent beaucoup plus rapidement que
d'autres. On nomme conductibilité la qualité par laquelle un
corps arrive plus ou moins rapidement à l'équilibre de température. La conductibilité de l'argent est beaucoup plus
grande que celle du charbon ; il est très facile de le constater.

90 *Chaleur spécifique.* — Il est facile aussi de constater
que les quantités de chaleur nécessaire pour échauffer également deux corps sont proportionnelles à leurs volumes ,
quand ils sont tous les deux de même nature, tandis qu'elles
ne sont proportionnelles ni aux volumes ni aux poids , si
les corps sont de constitution différente. Quand on compare
les quantités de chaleur nécessaires pour élever du même
nombre de degrés l'eau et le mercure , on trouve qu'il faut

à peu près, deux fois plus de chaleur pour chauffer un litre d'eau que pour chauffer un litre de mercure, ou , ce qui revient au même, qu'il faut 30 fois plus de chaleur pour chauffer un kilogramme d'eau que pour chauffer un kilogramme de mercure. Cette différence se conçoit bien , comme nous l'avons vu , si une quantité de chaleur n'est pas autre chose qu'une quantité de puissance mécanique due aux mouvements des molécules.

On nomme chaleur spécifique le rapport des quantités de chaleur ou puissance de travail nécessaire pour échauffer également un poids d'un corps et le même poids d'eau. Ainsi la chaleur spécifique du mercure est $\frac{1}{30}$.

91 *Effet des grandes vibrations moléculaires. — Etat gazeux.* — Voici maintenant un effet sur lequel j'appelle toute votre attention. Je prends ces pincettes et je les tiens appuyées obliquement contre le rebord de la table, par une de leurs branches. Le système est comme uni à la table par une force qui est son poids. Je fais vibrer faiblement la branche libre. Vous voyez que la vibration se fait sans que le corps cesse d'être appuyé contre la table ; mais si je donne une grande intensité à la vibration , le corps est , vous le voyez, séparé de la table par une effet de projection. Une certaine intensité dans le mouvement vibratoire produit une réaction , une force d'entraînement, qui est supérieure à la force produite par la pesanteur et qui , par conséquent , détache le système de la table.

Un effet analogue est produit par les vibrations des molécules des corps. Les faits de la chimie prouvent que dans les corps les molécules sont arrangées par groupes , dans lesquels elles sont unies plus fortement que les groupes ne le sont entre eux; eh bien, quand les vibrations intérieures des groupes seront assez grandes pour produire des réactions supérieures aux forces qui unissent les groupes , ne devra-t-il pas arriver que ces groupes se sépareront ? Projetés par ces

réactions, ils devront s'écarter indéfiniment les uns des autres , si rien ne les arrête. C'est en effet ce qui a lieu pour
tous les corps. Un certain degré de chaleur, c'est-à-dire une
certaine intensité de vibration, met les groupes dans l'impossibilité de rester unis. Il se produit alors une disjonction
générale , et les vitesses imprimées aux groupes les disper-
seraient dans l'espace jusqu'à l'infini , s'ils n'étaient pas retenus dans des vases ou par des forces extérieures.

Quand un corps , arrivé à cet état , est emprisonné dans
un vase, ses groupes , continuellement projetés, réfléchis et
renvoyés contre ses parois , les frappent d'une multitude de
chocs , dont l'ensemble produit l'effet d'une pression , qui
tend à écarter ces parois et ferait éclater le vase , s'il n'était
pas suffisamment solide (1)

Cet état des corps est l'état de gaz ou de vapeur. Le nom
de gaz s'applique aux corps qui sont à cet état à la température ordinaire, et celui de vapeur quand il a fallu chauffer
pour le produire.

92 *Etat liquide.* — Quand un corps, porté ainsi à la température où les groupes tendent à se séparer , est renfermé
dans un vase , la pression qui s'établit contre les parois du
vase augmente à mesure qu'un plus grand nombre de groupes se séparent et sont projetés , puisque la pression est le
résultat des chocs produits par ces groupes; mais d'un autre
côté , la pression elle-même tend à arrêter l'effet , en con-
trariant la séparation des groupes. Il résulte de là que l'effet
doit se limiter de lui-même et qu'une partie seulement du

(1) Il est facile de démontrer que la pression exercée sur les
parois du vase doit être alors en raison inverse de la capacité du
vase, c'est-à-dire double, triple... quand cette capacité est réduite
à moitié, au tiers... et réciproquement. C'est en effet ce qui a lieu
pour les gaz et ce qui constitue cette loi d'expérience qu'on appelle
la loi de Mariotte.

corps peut se réduire en vapeur. La séparation cesse d'avoir lieu lorsque la pression est devenue assez grande pour l'empêcher. Cependant, entre les groupes qui ne sont pas séparés, l'union est néanmoins détruite. Ils restent très mobiles les uns par rapport aux autres et se prêtent à toutes les dispositions que la forme du vase, ou des forces extérieures, leur font prendre : on a un liquide.

La même chose a lieu quand la vaporisation est empêchée par la résistance d'une enveloppe ou celle d'un gaz déjà formé.

L'état liquide est donc celui d'un corps soumis à une pression qui empêche la séparation des groupes, quoique ces groupes soient désunis par la force de projection du mouvement vibratoire.

Quand on chauffe un corps solide, il passe à l'état liquide avant de devenir gazeux, parce que l'air, qui est lui-même un gaz dans lequel tout est plongé sur la terre, empêche la vaporisation par sa pression. Le liquide ne devient gazeux que lorsque l'intensité des mouvements moléculaires est telle que la force de projection des groupes est supérieure à la pression de l'air.

L'état liquide des corps n'est réellement qu'un état artificiel, qui ne subsisterait pas sans la pression atmosphérique. Si l'atmosphère n'existait pas, la glace, au lieu de fondre, passerait à l'état de vapeur dès que la température serait supérieure à celle de la congélation ; il n'y aurait pas d'eau.

93 *Chaleur latente de vaporisation.* — Quand le mouvement moléculaire est tel que non-seulement l'attraction qui relie les groupes est vaincue, mais que la force de projection de ces groupes est en outre supérieure à la résistance que la pression de l'atmosphère leur oppose, ils s'échappent, en écartant l'air qui enveloppe le liquide et en produisant, dans ce liquide, un mouvement tumultueux qu'on appelle ébullition.

La production de cet effet exige nécessairement l'emploi d'une grande quantité de puissance mécanique , puisque les groupes sont arrachés aux actions qui les relient , reçoivent des vitesses qui les emportent au loin et produisent l'écartement de la puissante résistance de la pression atmosphérique. En effet, la vaporisation d'un liquide consomme toujours une grande quantité de chaleur , c'est-à-dire de puissance de travail. Quand on chauffe de l'eau ou tout autre liquide, une fois que l'ébullition est commencée, on ne peut plus en élever la température; toute la chaleur que l'on fournit est employée à la transformation. La quantité de chaleur nécessaire pour transformer ainsi un liquide en gaz , est ce que l'on nomme la chaleur latente de vaporisation du liquide. Elle est différente suivant la nature du corps.

94 *Emploi de la puissance de travail du mouvement moléculaire. — Machine à vapeur.* - - Quand on fait bouillir un liquide, la quantité de puissance que le foyer fournit , sous forme de mouvement moléculaire ou chaleur , est réellement transformée en un mouvement de position , puisque le corps est divisé en petites parties , qui sont projetées dans l'espace avec de grandes vitesses. Ne peut-on pas alors utiliser ce mode de transformation du mouvement moléculaire et produire ainsi des effets mécaniques avec la chaleur ? Vous savez que c'est là ce que réalisent les machines à vapeur. Ces machines paraissent assez compliquées ; mais le principe en est très simple.

Si l'on fait bouillir de l'eau dans un vase cylindrique , la projection des groupes de molécules qui forment la vapeur repousse l'air par lequel l'eau était pressée , et produit le même effet que si elle écartait une résistance , que si elle soulevait un poids. Le travail fait ainsi sur l'air est produit inutilement ; mais , à la résistance de l'air , nous pouvons ajouter celle d'une autre force capable de faire un travail utile et chauffer davantage , de manière à vaincre les **deux** résistances à la fois. Alors une partie de la puissance employée sera utilisée. La vapeur formée dans le vase A , (fig 31,) pousse un piston P, contre lequel pressent la résistance r de l'atmosphère et la résistance R d'un effet à produire , par exemple celle d'une roue à tourner pour soulever un poids ou faire marcher une locomotive. Quand la vapeur a ainsi poussé le piston d'une certaine quantité , on la laisse échapper dans l'air , et l'on fait passer la vapeur de la chaudière de l'autre côté du piston , pour produire un effet pareil, et ainsi de suite. A chaque fois , on perd le travail dû à la résistance r de l'atmosphère ; mais en s'arrangeant pour que R soit cinq ou six fois plus grand que r, c'est-à-dire en faisant travailler la vapeur, avec une grande force , à une haute température , la perte que l'on fait n'est pas proportionnellement très considérable.

Dans certaines machines on évite à peu près complétement cette perte de la manière suivante :

Au lieu de faire échapper la vapeur dans l'air, quand le piston a été suffisamment déplacé , on fait communiquer cette vapeur avec un espace vide d'air , où elle est mise en contact avec de l'eau froide ; qui lui prenant sa chaleur , la réduit elle-même en eau. Ce sera alors dans le vide que le piston sera poussé , quand la vapeur agira de l'autre côté , et il n'éprouvera pas d'autre résistance que celle qui correspondra au travail à faire. On ne perd plus rien en efforts exercés contre l'air. Mais ne perd-on pas toujours la quantité de puissance de travail qui a été employée pour transformer l'eau en vapeur , puisqu'on détruit cet état , en mettant la vapeur en contact avec de l'eau froide ? Non , on ne la perd pas réellement. Elle redevient mouvement moléculaire ou chaleur ; elle échauffe l'eau employée à la condensation, et cette eau chaude peut être utilisée. Une partie est utilisée en effet pour l'alimentation de la chaudière de la machine elle-même , ce qui diminue la dépense de combustible.

95 *Mesure de la chaleur*. — La chaleur , comme toute chose , se mesure par comparaison. On prend pour terme de comparaison , c'est-à-dire pour unité la quantité de chaleur nécessaire pour produire un certain effet bien déterminé. Une dépense de chaleur pouvant produire deux fois, dix fois, cent fois..., cet effet, sera représentée par 2, 10, 100, etc. unités de chaleur. L'unité qui a été choisie et qu'on appelle une calorie , est la quantité de chaleur nécessaire pour élever d'un degré la température d'un litre d'eau. On sait qu'un degré est la centième partie de la différence entre la température de la glace fondante et celle de l'eau bouillante. Une calorie est donc la centième partie de la quantité de chaleur nécessaire pour chauffer un litre d'eau, depuis le point de congélation jusqu'au point d'ébullition.

96 *Équivalent mécanique de la chaleur*. — Puisqu'une quantité de chaleur n'est autre chose qu'une quantité de puissance mécanique , une calorie est donc une certaine quantité de kilogramètres. On s'occupe beaucoup, depuis quelque temps, de rechercher combien la calorie représente de kilogramètres , c'est-à-dire de la recherche de l'équivalent mécanique de la chaleur. Il serait trop long d'expliquer ici les divers moyens qu'on a employés pour cela. Je me borne à dire qu'on a trouvé qu'une calorie valait 425 kilogramètres , mais qu'on n'est pas parfaitement sûr de l'exactitude de ce résultat. Il y a des évaluations un peu plus faibles et des évaluations un peu plus fortes.

Quand on connaîtra exactement l'équivalent mécanique de la chaleur , il sera inutile d'avoir deux espèces d'unité. On évaluera les dépenses de chaleur en kilogramètres. Cette évaluation fera apprécier , d'une manière saisissante , les pertes que l'on fera dans l'emploi de la chaleur à des effets mécaniques.

97 *Chaleur rayonnante*. — Nous avons vu au commencement de cette leçon , qu'un système de boules unies par des ressorts , qui contiendrait une certaine quantité de puissance mécanique due à tout instant aux vitesses des boules et aux tensions des ressorts , ne pourrait perdre aucune partie de cette puissance , s'il restait parfaitement isolé. Il ne pourrait , dans ce cas , par conséquent , en envoyer non plus aucune partie hors de lui. Il doit en être de même pour tous les corps de la nature , puisqu'ils peuvent être assimilés à notre assemblage de boules.

Le soleil n'est-il pas un corps parfaitement isolé des autres corps qui tournent autour de lui dans l'espace? Cependant il leur envoie son mouvement moléculaire , puisqu'il les échauffe. Cela n'est il pas en contradiction avec notre principe ?

La réponse à cette objection est , que le soleil n'est pas réellement isolé des autres corps de l'espace. D'autres faits obligent à reconnaître que l'espace n'est pas vide , comme on pourrait le croire, mais rempli par une matière extrêmement subtile et très élastique , analogue à un gaz , mais infiniment moins dense.

C'est par l'intermédiaire de cette matière qu'on appelle l'éther , que le soleil peut communiquer des mouvements moléculaires à des corps éloignés et qu'il peut y avoir échange de chaleur entre des corps qui semblent séparés par le vide.

La communication se fait alors par des ondulations semblables à celles que le son produit dans l'air. Les oscillations des molécules des corps communiquent à l'éther des mouvements ondulatoires , comme les vibrations de forme des corps en communiquent à l'air. Ces ondulations de l'éther portent le mouvement aux molécules des autres corps qu'elles rencontrent. Tout corps lance ainsi continuellement , dans l'éther environnant , sous forme d'ondes , de la chaleur ou puissance de travail , qui se dissipe dans cet éther ou arrive à d'autres corps , et ces autres corps lui en envoient de même. Il se refroidit quand il perd plus qu'il ne reçoit , et s'échauffe dans le cas contraire. On appelle rayonnement l'envoi de chaleur qui se fait de cette manière, parce qu'il se fait comme par des rayons dirigés dans tous les sens.

La quantité de chaleur que les corps envoient par rayon- nement dans le même temps , dépend surtout de l'état de leurs surfaces. Les corps polis rayonnent moins et prennent plus difficilement la chaleur rayonnante que les corps dé- polis.

98 *Lumière*. — L'auteur des choses, qui a tiré de la trans- mission des mouvements vibratoires par l'air un moyen de perception à distance pour les animaux , en leur donnant l'organe de l'ouïe, leur a donné un autre organe, pour faire servir à des fonctions encore plus importantes la transmis- sion des mouvements moléculaires par l'éther. Il a créé pour cela le sens de la vue. L'œil est sensible à une partie de la chaleur rayonnante. Je dis une partie seulement, car , de même que l'oreille ne perçoit pas les sons qui résultent d'un nombre de vibrations par seconde inférieur à 32 ou su- périeur à 20,000 , l'œil n'est affecté que de la transmission des mouvements moléculaires dont la vitesse d'oscillation est comprise entre certaines limites. Entre ces limites la chaleur rayonnante , sans cesser de produire son effet de chaleur , produit un autre effet , celui de lumière , qui est perçu par l'œil ; mais pour cet organe les limites de perception sont beaucoup plus resserrées que pour l'oreille : car de 32 à 20,000 vibrations par seconde , limites des sons qui peuvent s'entendre, il y a près de dix octaves, tandis que les limites des mouvements moléculaires perceptibles par la vue n'em- brassent pas une octave entière. Elles n'embrassent à peu près que l'intervalle d'une quinte; c'est-à-dire qu'il n'y a que le rapport de 2 à 3 entre la plus petite et la plus grande ra- pidité des mouvements moléculaires oscillatoires qui pro- duisent la lumière.

99 *Couleurs.* — Cependant dans ce faible intervalle , la plus ou moins grande rapidité des mouvements produit six ou sept affections différentes qu'on appelle couleurs , et qui sont , pour l'œil , la même chose que des notes de musique pour l'oreille. Les sept couleurs distinctes sont , le violet , l'indigo , le bleu , le vert , le jaune, l'orangé et le rouge. Le violet est donné par les mouvements les plus rapides et le rouge par les plus lents. La lumière blanche est la réunion de rayons lumineux de toutes les couleurs.

Dans diverses circonstances il se fait une petite séparation de direction entre les ondes qui transmettaient ensemble des mouvements de divers degrés de rapidité et produisaient de la lumière blanche. Cette lumière se divise alors en lumière de plusieurs couleurs. Vous en voyez souvent un exemple dans la formation de l'arc-en-ciel.

100 *Vision des objets.* — Comment la lumière nous rend-elle tous les objets visibles? Il y a deux cas : celui des corps visibles par leur propre lumière et celui des corps visibles par la lumière qu'ils reçoivent et qu'ils renvoient.

Tous les corps, à moins que la chaleur ne les décompose, deviennent lumineux par eux-mêmes à une certaine température , parce que , à cette température , la rapidité de leurs vibrations moléculaires devient assez grande pour que les ondes qu'elles forment dans l'éther fassent impression sur l'œil. Cette impression accuse à l'animal la présence de l'objet du côté d'où les ondes lui arrivent ; lui fait voir ces objets.

Pour que les corps qui ne sont pas assez échauffés pour être lumineux par eux-mêmes , soient visibles , il faut qu'ils recoivent de la lumière venant d'autres corps. Chacune des parties de leur surface renvoie dans tous les sens une certaine quantité de cette lumière , comme si elle lui était propre , et l'œil est affecté comme si le corps était lumineux. Les couleurs des corps tiennent à ce que les groupes moléculaires de leur surface renvoient plutôt les rayons d'une couleur que les rayons d'une autre , de même que les corps sonores ne résonnent que lorsqu'ils sont frappés par des sons avec lesquels ils peuvent vibrer d'accord.

Les phénomènes produits par la lumière sont très variés, et leur explication nécessiterait des détails que ne comporte pas notre étude , qui n'a pour objet que des vues générales sur le mouvement.

101 *Comparaison entre le son et la lumière.* — Donnons cependant quelques indications comparatives entre le son et la lumière ; c'est-à-dire entre la propagation des mouvements de forme par l'air et la propagation des mouvements moléculaires par l'éther. Les ondes sonores les plus étendues, celles qui correspondent aux sons les plus graves, peuvent avoir jusqu'à 10^m de longueur. La longueur moyenne des ondes lumineuses , qui ne diffèrent pas beaucoup les unes des autres, est environ de la moitié de la millième partie d'un millimètre.

Quelque petite que soit cette longueur, on s'en fait cependant une idée ; mais il est très difficile de s'en faire une de la rapidité avec laquelle se font les oscillations moléculaires qui produisent la lumière. Nous avons vu que les sons perceptibles les plus aigus correspondent à des mouvements vibratoires de 20,000 vibrations par seconde , mouvements déjà extrèmement rapides. Eh bien, les ondes lumineuses sont produites par des vibrations qui sont encore trente millions de fois plus rapides.

Le son se propage dans l'air avec une vitesse de 337^m par seconde. La vitesse de la lumière est environ un million de fois plus grande. Une onde lumineuse ferait mille fois le chemin de Moulins à Paris dans une seconde.

102 *Résumé.* — Je résume ce que je viens d'exposer dans ce chapitre sur le mouvement moléculaire.

Les corps de la nature peuvent être considérés comme des

assemblages de très petites masses ou molécules réunies et tenues à distance les unes des autres, comme elles le seraient par des ressorts.

Si , dans un tel assemblage , les petites masses sont en mouvement les unes par rapport aux autres , il en résulte une quantité de puissance mécanique due, à la fois, aux vitesses des masses et aux tensions que les déplacements donnent aux ressorts. En vertu du principe de la conservation de la puissance de travail , cette quantité de puissance doit toujours rester la même , si l'assemblage reste parfaitement isolé.

Mais si l'assemblage est mis en contact avec un autre système semblable où le mouvement soit nul ou différent , les mouvements s'équilibreront entre les deux assemblages , de telle sorte que la puissance totale se partagera proportionnellement à leur étendue , s'ils sont constitués de même, ou dans un autre rapport déterminé , s'ils sont constitués différemment.

Comme c'est ce qui a lieu pour l'équilibre et le partage de la chaleur , et que les effets de la chaleur sont exactement ceux que peuvent produire des mouvements moléculaires , on doit admettre que cette chose qu'on appelle chaleur, n'est que le mouvement relatif des molécules des corps.

La dilatation est l'accroissement de volume dû à l'accroissement de ce mouvement. Elle résulte du plus grand espace que de plus grands mouvements exigent pour s'effectuer.

La conductibilité est la qualité par laquelle un corps se met plus ou moins rapidement en équilibre de température ou mouvement moléculaire , soit dans ses différentes parties , soit avec les corps qu'il touche..

La chaleur spécifique d'un corps est le rapport de la puissance de mouvement moléculaire nécessaire pour échauffer le corps à celle nécessaire pour échauffer également une quantité d'eau de même poids que ce corps.

Quand les vibrations moléculaires atteignent un certain degré d'intensité , elles produisent des réactions telles que l'assemblage se désunit et se divise en une multitude de petits groupes , et ces groupes sont projetés avec des vitesses qui les entraîneraient à l'infini , s'ils n'étaient pas retenus par l'enveloppe d'un vase. Le corps est alors à l'état de gaz ou vapeur, et les chocs de ses groupes exercent, par leur ensemble . sur les parois du vase , des pressions d'autant plus fortes que le mouvement moléculaire , c'est-à-dire la chaleur , est plus grande.

L'état liquide est un état artificiel, qui s'établit par l'effet d'une pression extérieure, quand le mouvement moléculaire est assez grand pour désunir les groupes du corps et ne l'est pas assez , cependant, pour vaincre en outre cette pression extérieure.

Le passage d'un corps à l'état de gaz nécessite l'emploi d'une grande quantité de puissance mécanique , représentant à la fois le travail de désunion des groupes et les vitesses de projection de ces groupes. Cette quantité de puissance mécanique ou chaleur est désignée sous le nom de chaleur latente.

Les vitesses de projection des groupes dans les gaz et l'accroissement de ces vitesses avec la température sont des résultats de transformation de mouvements moléculaires en mouvements de position.

Les mouvements de position ainsi obtenus , peuvent être employés à produire des effets mécaniques , et c'est là ce que réalisent les machines à vapeur.

Pour mesurer des quantités de chaleur , on prend pour unité celle qui est nécessaire pour élever d'un degré un kilogramme d'eau. Cette unité s'appelle une calorie.

Puisque la chaleur est de la puissance de travail , une calorie est une certaine quantité de kilogramètres. On a trouvé, pour cette quantité, 425 kilogramètres ; mais l'exactitude de cette détermination n'est pas encore parfaitement certaine.

La chaleur peut se communiquer entre des corps qui semblent isolés, parce que l'espace est rempli d'une matière extrêmement subtile et élastique qu'on appelle l'éther. Les mouvements moléculaires communiquent à l'éther des mouvements ondulatoires qui portent au loin la puissance mécanique ou chaleur. La chaleur ainsi envoyée prend le nom de chaleur rayonnante.

Un certain degré de rapidité, et peut-être une certaine manière d'être, dans les vibrations moléculaires qui produisent la chaleur rayonnante, donnent aux ondulations éthérées la faculté de faire impression sur l'un des organes des animaux, celui de la vue. Ces ondulations éthérées sont alors la lumière.

Les couleurs résultent de ce que les ondes lumineuses proviennent de vibrations plus ou moins rapides, de même que la hauteur des sons résulte de la rapidité des vibrations de forme qui les produisent.

Les corps suffisamment échauffés deviennent visibles par eux-mêmes ; mais à la température ordinaire, ils ne sont visibles que par la lumière qu'ils reçoivent et qu'ils renvoient.

Un corps a une couleur plutôt qu'une autre, parce qu'il renvoie les ondes lumineuses de cette couleur plutôt que les autres.

VIIIe LEÇON.

—

Puissance de travail due aux actions chimiques ; les végétaux et les animaux ; les courants électriques.

103. *Formation des corps.* — Les corps de la nature, comme nous l'avons déjà expliqué, sont composés de petites masses ou molécules, réunies ensemble et tenues à distance par leurs actions réciproques, comme elles le seraient par des ressorts.

On a reconnu qu'il y a dans la nature un certain nombre d'espèces différentes de molécules. Les molécules forment tous les corps, en se groupant ensemble de diverses manières.

Quand un corps n'est formé que de molécules d'une seule espèce, on dit que c'est un corps simple. Quand il est formé de deux, trois, quatre, ou un plus grand nombre de molécules d'espèces différentes, c'est un corps composé.

Les molécules qui forment un corps composé, devant nécessairement s'arranger régulièrement et de la même manière dans toute l'étendue du corps, ce corps peut alors être divisé, au moins par la pensée, en petits groupes semblables, dans lesquels les nombres de molécules différentes sont en rapports simples.

L'étude des corps qui résultent de ces arrangements ou combinaisons des molécules et celle des moyens de produire, détruire ou changer ces combinaisons, font l'objet de cette science qu'on appelle la chimie.

104. *Puissance mécanique produite par les actions chimiques.* — Supposons que nous ayons deux molécules a et deux molécules b. En combinant ces molécules deux à deux, nous pourrons former un groupe $a\,a$ et un groupe $b\,b$ ou bien deux groupes $a\,b$.

Chaque groupe, en se formant, fournira, par le travail de rapprochement effectué, une quantité de puissance mécanique qui devrait être représentée par les vitesses des molécules, mais qui, à cause de l'existence de l'éther, se dissipera dans ce millieu, sous forme de chaleur ou de lumière.

Je dis que si la formation des deux groupes $a\,b$ donne lieu à une plus grande puissance de travail que celle des groupes $a\,a$ et $b\,b$, les groupes $a\,b$ seront plus stables que les autres, et que ce sont, par conséquent, les groupes $a\,b$ qui devront définitivement subsister, quand on mettra les quatre molécules ensemble. En effet, si les groupes $a\,a$ et $b\,b$ se forment d'abord, une action avec dépense de puissance sera encore possible, par la transformation en groupes $a\,b$; tandis que, lorsque ceux-ci seront formés, les autres ne pourront plus se refaire, puisque, pour cela, ils devraient reprendre une puissance de travail qui ne sera plus là, parce qu'elle se sera dissipée dans l'éther. La combinaison $a\,b$ une fois formée sera définitive; établie par les actions du système, elle ne pourra être détruite et remplacée par les autres, que si un mouvement étranger, ou une force extérieure, viennent fournir la puissance mécanique nécessaire pour ce changement.

Les actions chimiques, par lesquelles se forment tous les corps, ne sont donc que des conséquences du grand principe de la conservation de la puissance mécanique. Ce principe explique le jeu des affinités chimiques, en montrant qu'elles résultent des différences de quantité de travail qui peuvent se faire dans les diverses combinaisons.

Quand des combinaisons sont remplacées par d'autres plus stables, il y a donc nécessairement cession d'une quantité de puissance de travail. Cette cession se manifeste ordinairement par la production d'une grande quantité de chaleur. Ainsi, lorsque du charbon brûle, c'est parce que ce charbon et l'oxigène qui est dans l'air, se réunissent pour former un autre groupement plus stable que ceux qu'ils formaient séparément : celui du corps composé qu'on appelle acide carbonique. Vous savez qu'elle chaleur produit ce changement et quelle puissance de mouvement on en peut retirer.

105. *Dépense de puissance nécessaire pour la transformation d'une combinaison en une autre moins stable.* — Pour détruire une combinaison et la remplacer par une autre ou d'autres arrangements moins stables, il faut au contraire employer de la puissance mécanique, sous forme de chaleur ou sous toute autre forme. En effet, beaucoup de corps sont décomposés par la chaleur, et nous verrons plus loin que les décompositions produites par les courants électriques résultent de l'emploi d'une puissance de travail.

106. *Cette puissance est alors mise en réserve.* — J'appelle maintenant toute votre attention sur un important service qu'on peut retirer des actions chimiques. Elles permettent d'emmagasiner, pour ainsi dire, de grandes quantités de puissance mécanique, pour les avoir ensuite à sa disposition.

Supposons que nous ayons un grand nombre de ces groupes $a\,b$, plus stables que les groupes $a\,a$ et $b\,b$, qui peuvent se faire avec les mêmes molécules, et que nous ayons, en outre, actuellement, à notre disposition, une grande quantité de chaleur ou de puissance de travail. Employons cette chaleur ou puissance à défaire les groupes *a b* et les changer en groupes *a a* et *b b*, que nous tiendrons ensuite séparés. Nous aurons mis en réserve la puissance que nous aurons employée et nous pourrons l'utiliser quand nous le voudrons. Il suffira de mettre alors les groupes *a a* et *b b* en présence dans des circonstances convenables. Ils reproduiront spontanément le groupe *a b* , en nous rendant notre puissance.

107. *Les végétaux mettent en réserve une partie de la puissance mécanique fournie par le soleil.* — Eh bien c'est une grande opération semblable que la nature fait continuellement , pour emmagasiner une partie de la puissance de travail que le soleil envoie à la terre sous forme de chaleur rayonnante ou de lumière, et la mettre à la disposition de l'homme et des animaux.

Il y a, dans l'air, une certaine quantité de ce gaz qui est le produit de la combinaison du charbon ou carbone avec l'oxigène et qu'on appelle acide carbonique. L'intelligence infinie a créé des appareils de dimensions et de formes très variées, se reproduisant et se multipliant d'eux-mêmes, dans lesquels l'acide carbonique, soumis à l'action de la chaleur rayonnante, est décomposé par l'emploi de la puissance de travail que représente cette chaleur rayonnante ou lumière. L'oxigène et le carbone sont par là complètement séparés. L'oxigène s'échappe dans l'air, sous forme de gaz, et le charbon reste , à l'état solide , dans l'appareil, où il sert d'abord au développement de cet appareil lui même.

Vous voyez qu'il s'agit des plantes. Elles sont toutes des officines, où la puissance envoyée par le soleil est employée à produire une décomposition chimique qui la met en réserve (1).

(1) Cette décomposition se fait peut-être, en petite partie ou accidentellement, sur d'autres corps que l'acide carbonique, sur de l'eau par exemple, mais je ne dois m'occuper ici que du fait géné-

108. *Cette puissance est dépensée par les animaux.* — Prenons maintenant la plante et faisons la brûler ; c'est-à-dire mettons la dans une situation telle que son carbone se combine de nouveau avec l'oxigène de l'air, l'acide carbonique se reformera, en produisant une chaleur que nous pourrons employer aux plus grands effets mécaniques, et en nous livrant ainsi cette puissance venue du soleil et recueillie par la plante.

Mais la puissance que nous pouvons tirer de notre propre corps, celle des animaux que nous faisons travailler, celle qui soutient l'oiseau au milieu de l'air etc, d'où viennent elles ? Simplement, comme dans nos machines à vapeur, d'une combustion du charbon obtenu par la plante. L'animal prend directement ou indirectement, par la nutrition, le carbone de la plante ; dans son corps ce carbone est brûlé par l'oxigène apporté par la respiration, et cette combustion produit la chaleur et la puissance de mouvement par lesquelles se manifeste la vie animale (1 .

Je ne m'arrête à aucun des détails de l'organisation des plantes et des animaux. La vue du moindre de ces détails est un spectacle admirable.

Je ne m'arrête pas non plus à faire remarquer que cette puissance de mouvement que la combustion produit dans le corps de l'animal, est au service d'une volonté, qui appartient à un être d'une autre nature que la matière. Je dirai seulement que j'ai la conviction, (il y a je crois des opinions différentes) que l'âme, quelle que soit sa nature, n'a, par elle-même, aucune puissance finie capable d'un travail

ral ou capital. D'ailleurs l'effet que j'examine est indépendant de la nature du corps décomposé.

(1) La plus grande quantité de travail qu'un homme peut produire en 24 heures, représente à peine le quart de la puissance mécanique correspondant à la combustion de carbone qui se fai dans son corps pendant le même temps.

mécanique mesurable, qu'elle ne doit avoir qu'une action déterminante infiniment petite, comme celle de l'étincelle qui allume un incendie, ou comme celle du commandement qui met une armée en mouvement, et qu'il n'y a pas d'autres forces dans le monde que les actions réciproques des atômes de la matière. La puissance matérielle de l'animal lui vient tout entière du soleil, par l'intermédiaire de la plante.

Dans le monde auquel notre terre appartient, le soleil, immense assemblage de molécules en mouvement, est, par ce mouvement moléculaire, un grand réservoir de puissance, qu'il distribue autour de lui dans toutes les directions. La vie des plantes et celle des animaux de la terre sont la transformation d'une partie de la très petite parcelle de puissance qui arrive à notre globe. La plante recueille la force et l'animal la dépense. La décomposition et la recomposition de l'acide carbonique de l'air sont les procédés de cette merveilleuse opération.

109. *Équilibre entre les deux effets.* — Il y a longtemps que les chimistes ont reconnu que les plantes décomposent l'acide carbonique de l'air, pour s'en approprier le carbone, et que cet acide est reconstitué par la combustion de charbon qui s'opère soit à l'air libre soit par la respiration des animaux ; mais on n'y a vu d'abord qu'une compensation, déjà bien remarquable, entre les effets de la vie végétale et ceux de la vie animale, sur la composition de l'air, et ce n'est que depuis peu de temps, que l'on a remarqué que cette opération doit être celle par laquelle les animaux reçoivent du soleil leur puissance de mouvement.

Y a-t-il actuellement une compensation exacte entre la décomposition et la recomposition de l'acide cabonique ? Je le crois, parce que l'excès de l'un des effets doit exciter l'autre, ou se ralentir lui-même, en affaiblissant sa source. La composition de l'air en acide carbonique serait ainsi dans un équilibre stable.

Je suis cependant porté à croire aussi qu'à une certaine époque, la quantité d'acide carbonique contenue dans l'air a été plus grande qu'aujourd'hui, et qu'alors la vie végétale en excès a produit ces amas, de charbon qui n'ont pas été immédiatement consommés et que nous retrouvons maintenant, enfouis dans la terre. Nos mines de houille seraient ainsi de grandes réserves de puissance mécanique, que la nature aurait préparées à l'avance, pour une époque de plus grands besoins de force et de mouvement.

110 *Les actions électriques et magnétiques ne sont pas encore expliquées.* — Nous venons d'étudier presque tous les effets dont nous sommes témoins dans le monde matériel. Nous avons reconnu que tous ces effets, que l'on est tenté d'attribuer à des agents différents, ne sont que des formes du mouvement que le créateur a mis dans le monde, en assujettissant les atômes de la matière à ces actions réciproques par lesquelles ils tendent continuellement à se rapprocher ou à s'écarter les uns des autres. Nous avons vu, sous toutes ces formes, le mouvement réglé par une grande loi, celle de la conservation de la puissance mécanique, qui n'est elle-même qu'une conséquence de l'indépendance des effets des forces. Cette loi régit les petites actions de nos machines, comme les grands mouvements des corps célestes; elle se manifeste dans ces mouvements de forme et dans ces mouvements moléculaires qui agitent la matière et que nous appelons son, chaleur, lumière, et elle conduit à la conception de cette belle opération par laquelle les êtres animés reçoivent du soleil leur puissance de mouvement.

Guidés par cette loi, nous sommes parvenus à la connaissance des rapports de cause qui relient presque tous les faits. Cependant il reste encore des faits dont je ne vous ai rien dit, et ce sont ceux dont l'esprit de l'homme est peut-être le plus frappé. Je veux parler des actions électriques et magnétiques.

Je n'en ai rien dit , et je ne pourrai presque rien en dire, parce que là , jusqu'ici , la science, qui a enregistré les faits et en a obtenu des applications merveilleuses , n'a rien vu , ou presque rien vu , dans les causes.

Les théories données ne sont que des représentations des faits et n'apprennent rien sur la manière dont ces faits se rattachent aux propriétés de la matière. J'ai à ce sujet quelques idées qui , pour moi , sont assez satisfaisantes , mais dont il ne me serait pas possible de démontrer la vérité ; tandis que celle de tout ce que je vous ai exposé plus haut me semble aujourd'hui bien établie (1)

Quelle que soit la cause des actions électriques et magnétiques , les effets de ces actions doivent rester soumis à la loi de la conservation de la puissance de travail. Je puis effectivement vous montrer , par quelques exemples , la concordance de ces effets et de cette loi.

111 *Les courants électriques sont des transports de puissance produite par des réactions chimiques.* — Voici un fil métallique tendu de Moulins à Paris. Une puissance de travail obtenue ici à l'extrémité du fil est , à un signe d'une volonté, transportée presque instantanément, mais non sans quelque perte , à l'autre extrémité du fil , où elle va produire un mouvement. Remarquez bien que la puissance fournie et transportée n'est pas celle de la main qui manie le télégraphe. Cette main n'a qu'une action de commandement ; son travail peut être infiniment petit. La puissance qui ira produire le mouvement à Paris est fournie par une réaction chimique , qui a lieu dans la pile , et qui produit

(1) Je donne dans la note *K* un aperçu de mes idées particulières sur la nature de l'électricité et sur la cause des actions chimiques

puissance de travail , parce qu'un groupement de molécules est remplacé par un autre plus stable, ainsi que je l'ai expliqué au commencement de cette leçon.

Comment se fait le transport de la puissance par le fil ? La science l'ignore. Il est probable que c'est par des ondulations éthérées , analognes à celles qui transportent des puissances de mouvement sous forme de chaleur rayonnante et de lumière. Mais ici le mouvement suivrait le fil , sans s'écarter dans l'éther, et pourrait ainsi être porté à une grande distance presque sans affaiblissement , de même qu'une onde formée dans un long canal, s'y propage très loin sans diminuer très sensiblement de grandeur , tandis que si elle est formée dans une grande nappe liquide, elle diminue très rapidement, en s'écartant circulairement du centre d'ébranlement.

On voit qu'une pile est un appareil propre à recueillir et à transporter la puissance mécanique qui résulte d'une réaction chimique, quand une combinaison plus stable se substitue à une autre.

Mais au lieu d'employer la puissance ainsi obtenue à la production d'un effet mécanique, on peut l'employer à produire une action contraire à celle qui l'a fournie elle même, à une réaction chimique nécessitant dépense de travail, à une décomposition, par exemple. C'est en effet l'un des principaux usages de la pile. On l'emploie à la décomposition de l'eau et de tous les composés qui paraissent les plus fixes.

La puissance obtenue peut encore être employée à produire des mouvements moléculaires , c'est-à-dire de la chaleur et de la lumière ; vous savez que les courants produisent l'incandescence et la fusion de tous les métaux et que la lumière électrique rivalise avec celle du soleil.

L'expérience montre que dans toutes les applications de la pile , la quantité d'effet obtenue est en rapport avec la quantité d'action chimique dépensée , de même que dans les machines, le travail produit est toujours en rapport avec la puissance de travail dépensée.

112 *On peut former des courants électriques avec du travail mécanique.* — Puisqu'une pile engendre un courant qui transporte , avec une prodigieuse rapidité , la puissance de travail fournie par une réaction chimique , et peut lui faire produire au loin un travail mécanique , ne peut-on pas faire l'inverse ; c'est-à-dire , au moyen d'un travail mécanique , produire un courant électrique , et en obtenir des réactions chimiques nécessitant dépense de travail et tous les effets des courants ordinaires ? C'est ce qui est réalisé par l'appareil de Clarke , dans lequel tous les effets des courants voltaïques sont le résultat du travail d'une force agissant sur une roue.

Ainsi les effets si extraordinaires des actions électrodynamiques se conçoivent bien comme conséquence de la loi de conservation de la puissance de mouvement, et peuvent, en quelque sorte , être prédits d'avance. Cependant le mécanisme au moyen duquel ils se produisent nous reste encore presque complétement caché.

113 *Résumé.* — Cette leçon sur l'application de la loi fondamentale du mouvement aux actions chimiques se résume assez brièvement :

La chimie reconnait l'existence de molécules de plusieurs espèces. Les corps sont formés par l'union de molécules d'une seule ou de plusieurs espèces.

Quand des corps , mis ensemble dans des circonstances convenables , agissent spontanément les uns sur les autres , de manière à former d'autres unions ou combinaisons , c'est-à-dire d'autres corps , il y a nécessairement production de puissance mécanique, parce que les nouveaux groupements formés ne peuvent être plus stables que les autres que par suite d'un abandon de puissance de la part du système.

La puissance de travail ainsi abandonnée , se manifeste ordinairement sous forme de chaleur, et souvent de lumière.

Pour que des combinaisons se changent en d'autres moins stables , il faut au contraire fournir de la puissance de travail au système.

La puissance employée à ce changement est alors pour ainsi dire emmagasinée. On la retrouve en mettant les nouveaux corps en situation de reformer les premiers.

La nature opère ainsi pour recueillir une partie de la puissance mécanique envoyée à la terre par le soleil. L'opération est faite dans les plantes. L'acide carbonique de l'air est décomposé , au moyen de la chaleur rayonnante et de la lumière , et séparé en charbon et en oxigène.

La puissance recueillie de cette manière est mise à la disposition des hommes et des animaux , qui la retrouvent en faisant brûler le charbon de la plante , c'est-à-dire par la reconstitution de l'acide carbonique.

Cette reconstitution a lieu, soit à l'air libre, par la volonté de l'homme, qui peut alors en tirer des effets mécaniques très puissants , soit dans l'intérieur de son corps et de ceux des animaux , par la respiration. Dans ce cas , elle produit la puissance de mouvement des animaux.

Ainsi la plante recueille la puissance de travail, et l'animal la dépense. Toute la force qu'il peut fournir et toute la chaleur de son corps viennent de là.

On ne sait pas encore comment les effets , si extraordinaires , de l'électricité et du magnétisme se rattachent aux actions réciproques des atômes de la matière et aux mouvements auxquels ces actions donnent lieu.

Cependant on voit que la loi de la conservation de la puissance de mouvement est toujours satisfaite.

Une pile peut-être considérée comme un appareil propre

à recueillir la puissance qui résulte de certaines réactions chimiques et à la transporter, presque sans perte, à de très grandes distances, au moyen de mouvements courant le long de fils métalliques.

On peut, avec du travail mécanique, produire des courants électriques, qui donnent les mêmes effets que les courants provenant des réactions chimiques qui ont lieu dans les piles.

IXe LEÇON.

—

Résumé général.

114 *Vue générale.* — Jetons maintenant un regard d'ensemble sur le mécanisme du monde matériel, dont nons venons d'examiner les rouages.

La vue des principales parties de ce mécanisme, celle de leurs rapports surtout, semble aujourd'hui devenue beaucoup plus nette pour la science qu'elle ne l'était, il y a peu d'années encore. Cette vue, certainement, n'est pas celle de la cause première. La connaissance de cette cause est sans doute au-dessus de l'intelligence humaine, livrée à elle-même, et, d'ailleurs, elle ne pourrait pas sortir de la seule étude de la matière. Mais cette étude de la matière a fait aujourd'hui pénétrer le regard assez profondément, pour qu'il soit possible de bien voir que tous ces phénomènes du monde matériel, qui ont paru d'abord si divers et si compliqués, ne sont que de simples conséquences de quatre ou cinq faits principaux, dont l'existence est hors de doute. En sorte que, pour tout concevoir, il suffit d'admettre que ces faits ou principes sont les résultats d'une volonté.

Les principes dont il s'agit ne sont pas des hypothèses imaginées à priori pour se rendre compte des choses. Ce sont des résultats d'observation, parfaitement établis, sur la constitution des corps et sur la loi qui règle le mouvement. Je vais les rappeler.

115. *Les faits primordiaux ou principes.* — 1° Il est ncontestable que les corps sont formés de petites masses élémentaires, molécules ou atômes, tenues à distance les unes des autres.

2° Il est prouvé que la matière n'existe pas seulement dans les groupements d'atômes qui forment les corps qui nous sont sensibles, mais que l'espace est en outre rempli par un corps infiniment moins dense, qui constitue un milieu général.

3° On est forcé de reconnaître que toutes les parties de la matière sont assujetties à des tendances ou obligations de mouvement, en vertu desquelles elles se rapprochent ou s'éloignent, plus ou moins rapidement, les unes des autres, quand elles sont libres.

4° Les tendances ou forces ne changent pas avec le temps, c'est-à-dire n'éprouvent, avec le temps, ni diminution ni augmentation ; mais elles changent de grandeur avec les distances qui séparent les molécules ou les corps qui agissent les uns sur les autres. Elles sont, en général, d'autant plus grandes que ces distances sont plus petites.

5° Enfin tous les faits établissent que les déplacements de la matière, c'est-à-dire les mouvements des corps, sont réglés par une loi très-simple. Les mouvements ont toujours lieu indépendamment les uns des autres : en sorte que le mouvement que prend effectivement un corps, n'est que le résultat de l'accomplissement simultané de tous ceux que produiraient séparément les diverses actions auxquelles le corps est soumis.

Ces principes de fait suffisent aujourd'hui pour rendre compte de tout ce qui se voit dans le monde matériel, à l'exception des phénomènes de l'électricité et du magnétisme qui n'y sont pas encore rattachés ; mais qui probablement, s'expliqueront bientôt sans qu'il soit nécessaire d'admettre l'existence d'agents ou corps particuliers.

116. *Conservation de la puissance de mouvement.* — Les principes de l'immutabilité des forces dans le temps et de l'indépendance des effets de ces forces ont pour conséquence une loi très remarquable : c'est que la somme de puissance de déplacement qui a été donnée à la matière par les actions qui ont été établies entre ses atômes, est invariable ; c'est-à-dire qu'il ne peut rien s'en perdre et rien y être ajouté.

Cette puissance de déplacement, que nous avons appelée puissance de travail ou de mouvement, ou puissance mécanique, dépend à la fois, pour chaque action, de la grandeur du déplacement possible et de la grandeur de cette action, grandeur qui est mesurée par le nombre de corps égaux, ou unités de masse, auxquels l'action peut donner le même mouvement. La puissance mécanique se calcule alors en multipliant ensemble les nombres qui expriment les deux grandeurs.

Quand un corps a obéi à une force, c'est-à-dire quand une partie du déplacement qui peut se faire dans la direction de cette force est effectuée, la puissance de déplacement n'est pas consommée pour cela. Elle se retrouve dans la vitesse ou dans l'accroissement de vitesse du corps. Cette vitesse ou cet accroissement de vitesse sont toujours tels qu'en disparaissant eux-mêmes, ils reproduisent la puissance qui paraissait consommée. Ainsi, quand on tient compte à la fois du déplacement possible pour chaque unité d'action et de la vitesse de chaque unité de masse, on ne doit jamais trouver ni perte ni accroissement dans la quantité totale de puissance mécanique qui existe dans le monde.

Cette puissance peut passer d'un corps à un autre, se diviser entre les corps, ou se transformer par des changements de vitesse en déplacements possibles, ou de déplacements possibles en vitesse ; mais elle ne se consomme pas, elle reste invariable de grandeur totale. J'ai montré, par des exemples, comment doivent se faire les calculs de vérification de cette loi.

117. *Application de cette loi.* — Après avoir déduit de la loi de la conservation de la puissance de travail ou de mouvement une règle extrêmement simple pour déterminer les effets de toutes nos machines, nous avons reconnu, à peu près complètement, que tous les phénomènes de la nature ne sont réellement que des conséquences de cette loi, qui seule pourrait tout faire prévoir, si les grandeurs des actions et leurs modes de variation étaient exactemeut connus, et si nos méthodes de calculs étaient assez parfaites.

118. *Division des mouvements.* — Pour voir plus facilement et plus nettement l'application de cette loi dans les faits, nous avons divisé les mouvements en trois catégories, pour lesquelles nous avons pu faire un examen séparé, parce que les mouvements de l'une d'elles s'exécutent à peu près indépendamment de ceux des autres, et que la loi fondamentale peut alors leur être appliquée séparément.

Ces trois catégories de mouvement sont :

1° Les mouvements de position, qui sont les changements généraux de place ou de situation qui se produiraient seuls, si les corps étaient des solides pleins, parfaitement invariables de forme.

2° Les mouvements de forme, qui sont les changements de position relative des parties d'un corps les unes par rapport aux autres, d'où résulte une altération de forme ou de disposition intérieure, générale ou partielle.

3° Les mouvements moléculaires, qui sont les petits déplacements des dernières parties ou molécules des corps les unes par rapport aux autres, ou plutôt par rapport à leurs positions d'équilibre, petits mouvements qui produisent une agitation générale de ces parties élémentaires, sans modifier ni la forme, ni la position des corps.

Cette division des mouvements n'est pas une division d'ordre arbitraire : elle est dans la nature ; car des moyens différents nous ont été donnés pour percevoir les trois espèces de mouvements qu'elle distingue.

La perception des mouvements de position est directe : nous voyons les corps changer de position dans l'espace, en se transportant d'un lieu à un autre et en tournant sur eux-mêmes.

Les mouvements de forme se manifestent ordinairement à nous par le bruit ou le son.

Et les mouvements moléculaires donnent lieu à ces sensations que nous appelons chaleur et lumière.

Il y a souvent transformation d'une espèce de mouvement en une autre. Ainsi, quand deux corps se rencontrent, il se produit presque toujours un bruit, qui est le résultat de la transformation d'une partie du mouvement de transport des corps en mouvement de forme. Quand la vapeur fait courir une locomotive sur un chemin de fer, c'est parce que de la chaleur, c'est-à-dire du mouvement moléculaire, est transformé en mouvement de position.

119. *Mouvement de position.* - Nous avons vu comment, en appliquant le principe de l'indépendance des effets des forces et la loi de la conservation de la puissance de mouvement, qui n'est qu'une conséquence de ce principe, on peut déterminer les mouvements de déplacement des corps, quand on connait les actions auxquelles ils sont soumis, et nous avons pris pour exemple de cette détermination, le mouvement des corps pesants à la surface de la terre et le mouvement des sphères célestes qui composent le monde.

A la surface de la terre, tous les corps, en un même lieu, sont attirés de la même manière et dans la même direction ; c'est-à-dire que la pesanteur leur imprime dans chaque seconde une vitesse verticale égale à 9^m 81. Quand les corps ont été lancés dans une direction autre que la verticale, la pesanteur, en les faisant dévier graduellement de cette direction, leur fait suivre une ligne courbe. La forme de cette courbe, et toutes les circonstances du mouvement qui se produit alors, se déterminent très facilement, quand on ne tient pas compte de la résistance de l'air dans lequel les corps sont plongés à la surface de la terre ; mais comme cette résistance modifie la forme de la courbe et les vitesses imprimées, la détermination très exacte du mouvement est assez difficile.

Quand un mobile attiré vers un centre a reçu une vitesse primitive, dans une direction quelconque , il peut arriver deux cas : l'attraction peut retenir le mobile ou le laisser échapper. Quand elle est assez puissante pour arrêter l'accroissement de la distance au centre et déterminer un premier rapprochement , elle retient le corps pour toujours et le fait tourner continuellement autour de ce centre d'attraction , par un mouvement qui se produit périodiquement de la même manière , dans le même intervalle de temps. La courbe parcourue est alors formée d'une série infinie d'arcs égaux, placés à la suite les uns des autres , composés de deux parties symétriques et donnant chacun un plus grand et un plus petit éloignement , apogée et périgée , qui sont toujours les mêmes.

Ce résultat est indépendant de la loi qui règle la grandeur de l'attraction. Il suffit pour faire concevoir comment les planètes sont retenues autour du soleil par l'attraction de cet astre.

La forme des courbes que ces planètes suivent et les durées des révolutions de chacune d'elles ont fait connaître la loi qui règle l'attraction des corps célestes. Cette attraction est la même pour tous ces corps ; c'est-à-dire qu'à la même distance , des parties égales de matière s'attirent avec la même force, à quelque corps céleste qu'elles appartiennent.

Mais la grandeur de cette action change avec la distance qui sépare ces parties de matière ; elle est en raison inverse du carré de cette distance. Ainsi, quand la distance est double, l'action est quatre fois moindre, si la distance est réduite au tiers, l'action est neuf fois plus grande, etc.

Les comètes, le plus grand nombre du moins, semblent être des corps que l'attraction de notre soleil ne peut pas retenir. Ces comètes, emportées par des vitesses extrêmes, passent sans doute d'un système solaire à un autre.

120 *Mouvement de forme.— Le son.*—Les différentes parties d'un corps sont unies entr'elles par les actions qui ont lieu entre les molécules. Ces molécules sont pour ainsi dire attachées les unes aux autres par ces actions, et cependant tenues à distance, comme elles le seraient par des ressorts. Il en résulte que toutes les parties d'un corps sont, les unes par rapport aux autres, dans des situations d'équilibre stable. Si on les dérange de ces situations, en faisant subir un petit changement à la forme du corps, elles tendent à y revenir et à rétablir la forme ; mais comme la puissance qui a été employée à altérer cette forme ne peut pas se perdre, le retour de ces parties aux situations d'équilibre se fait avec des vitesses qui leur font dépasser ces positions et produire un changement de forme inverse du premier. Après quoi celui-ci se reproduit de nouveau, puis l'autre, et ainsi de suite. En sorte que, sans les pertes de puissance qui ont lieu par communication de mouvement, il se produirait une série infinie de changements de forme alternatifs. Ces oscillations de forme des corps se font ordinairement très rapidement. On leur donne alors le nom de vibrations.

Ceci suppose que le changement de forme que l'on a fait subir au corps est général. Quand ce changement n'a d'abord affecté qu'une partie du corps, il se communique de proche en proche aux autres parties. Cette propagation de changement de forme se nomme un mouvement ondulatoire.

Les ondes que l'on voit s'écarter circulairement d'un point ébranlé sur la surface d'un liquide, sont un exemple de ce mouvement.

Les mouvements oscillatoires et les mouvements ondulatoires sont assujettis à des lois remarquables, que nous avons démontrées.

Le temps d'une oscillation, pour un même corps, est indépendant de la grandeur de l'amplitude de cette oscillation, c'est-à-dire de la grandeur du déplacement primitif, pourvu que ce déplacement soit cependant assez petit. Une oscillation deux fois, dix fois, cent fois plus petite ou plus grande qu'une autre, se fait dans le même temps. C'est pour cela qu'on emploie, les oscillations des corps suspendus, ou les vibrations de forme de ressorts, pour régler la marche des horloges ou des montres.

Dans les corps homogènes, c'est-à-dire qui ont partout la même composition, les mouvements ondulatoires se propagent tous avec la même vitesse, quelles que soient leurs grandeurs relatives, pourvu cependant qu'ils soient assez petits.

Cette loi en entraîne une autre : l'intensité du mouvement communiquée à des parties égales de matière, diminue, en raison inverse du carré de la distance au centre d'ébranlement. Cela se voit facilement, en remarquant que la puissance totale, qui doit toujours rester la même, se répartit sur des masses de même épaisseur, qui croissent comme des surfaces sphériques, c'est-à-dire proportionnellement aux carrés des distances au centre.

Quand différentes ondulations se propagent dans un corps suivant diverses directions, elles ont lieu sans se troubler par leur rencontre. Elles se propagent comme si elles existaient seules.

A la surface de la terre, tous les corps étant plongés au milieu d'un autre corps léger et très élastique, l'air atmosphérique, les mouvements vibratoires que ces corps viennent à éprouver , se communiquent à l'air qui les environne et produisent dans ce milieu des mouvements ondulatoires. Ces mouvements font percevoir aux animaux les vibrations des corps par l'organe de l'ouie. L'oreille , frappée par les ondes produites dans l'air . donne à l'animal conscience des vibrations que des chocs ou d'autres causes ont excitées sur des corps éloignés Ainsi le son n'est que la propagation par l'air des mouvements de forme des corps.

Les durées des vibrations de deux corps peuvent être en rapports simples , c'est-à-dire que dans le même temps , il peut se faire exactement deux vibrations d'un corps pour une de l'autre , trois de l'un pour deux de l'autre , quatre de l'un pour trois ou cinq de l'autre, etc. L'oreille est alors frappée par des ondes qui s'accordent de moment en moment. Les effets de la musique résultent de la combinaison de ces accords.

121 *Mouvements moléculaires. – La chaleur.* — Les petits mouvements moléculaires qui constituent la chaleur , représentent , dans chaque corps , une quantité déterminée de puissance , due à la fois aux vitesses de chaque molécule et aux tensions développées dans les forces de ressort qui tiennent les molécules à distance.

Si un corps était parfaitement isolé , la quantité de puissance qu'il aurait une fois reçue en mouvements moléculaires ou chaleur , resterait invariable. Mais quand les corps communiquent entre eux par contact , ces mouvements passent de l'un à l'autre, et la puissance de travail se partage de telle manière qu'il y ait équilibre de communication de mouvements. C'est ainsi que s'établit l'équilibre de chaleur entre les corps qui se touchent.

La conductibilité d'un corps pour la chaleur est la rapidité plus ou moins grande avec laquelle le mouvement moléculaire est communiqué à ce corps et se propage dans son intérieur.

L'accroissement du mouvement moléculaire doit faire croître l'espace que les corps paraissent occuper. Effectivement un accroissement de chaleur a toujours une dilatation pour effet.

Une quantité de chaleur n'est réellement qu'une quantité de puissance mécanique. L'unité que l'on prend pour mesurer la chaleur est la quantité de chaleur nécessaire pour élever un kilogramme d'eau d'un degré. On la nomme une calorie. Les expériences faites jusqu'à ce jour paraissent établir qu'une calorie correspond à une quantité de puissance de 425 kilogramètres. C'est là ce qu'on appelle l'équivalent mécanique de la chaleur.

L'agitation moléculaire dans un corps peut devenir telle que ses parties ne puissent plus rester unies. Le corps se partage alors en petits groupes qui, projetés par le mouvement vibratoire, s'écarteraient à l'infini s'ils n'étaient pas retenus par les parois d'un vase. Ces groupes, après avoir frappé les parois du vase, sont réfléchis, puis relancés de nouveau contre ces parois, qu'ils tendent ainsi à écarter avec plus ou moins de force. C'est là ce qui constitue la pression des gaz et des vapeurs.

En diminuant le volume d'un gaz, on rapproche ses groupes, on augmente par conséquent le nombre des chocs qu'ils produisent sur une même partie de paroi, et par suite la pression sur cette paroi. Cet effet a cependant une limite, parce que au delà d'un certain degré, la pression empêche la projection des groupes. La pression limite est différente suivant les corps et suivant la température. Quand un corps est soumis à une pression plus forte que cette pression limite, il ne peut pas passer ni rester à l'état gazeux. Mais si, en même temps, la force de séparation des groupes est néanmoins supérieure à la force d'union, ces groupes restent désunis sans se séparer. Le corps est alors à l'état liquide.

Quand, au moyen de la chaleur, on transforme un solide ou un liquide en gaz , malgré une pression , on fait un travail , celui de l'écartement de la pression qui résiste. On peut faire en sorte que ce travail soit utilisé , et par conséquent employer la chaleur à un effet mécanique. C'est ce que réalisent les machines à vapeur.

Les corps qui semblent isolés peuvent cependant se communiquer leur chaleur, parce que l'isolement n'est pas réel. Tout l'espace étant rempli par un fluide extrêmement subtile et très élastique, qu'on appelle l'éther , c'est par l'intermédiaire de ce fluide que les corps se communiquent leur mouvement moléculaire. Cette communication se fait par les mouvements ondulatoires que les vibrations moléculaires excitent dans l'éther. Le mouvement moléculaire transmis d'un corps à un autre par ces ondulations , prend le nom de chaleur rayonnante.

122 *La lumière.* — Les animaux ont reçu un organe, l'organe de la vue , qui est affecté d'une manière particulière par une portion de la chaleur rayonnante qu'on appelle lumière. La lumière donne aux animaux conscience des corps d'où elle leur arrive, soit qu'elle ait été produite par ces corps eux-mêmes ou qu'elle ne soit que de la lumière reçue et renvoyée par eux.

La lumière a la plus grande analogie avec le son. Elle est une transmission de mouvement moléculaire par l'éther , de même que le son est une transmission de mouvement de forme par l'air. Les couleurs résultent de la plus ou moins grande rapidité des vibrations moléculaires, de même que les notes de musique résultent de la plus ou moins grande rapidité des vibrations de forme.

123 *Puissance due aux actions chimiques.* — *La force des animaux.* — On admet qu'il y a un certain nombre d'espèces différentes de molécules ou parties élémentaires de la matière. Les corps résultent de l'assemblage de molécules d'une ou de plusieurs espèces. L'union est produite par les actions attractives qui ont lieu entre les molécules.

Quand des molécules s'unissent , il y a nécessairement , par le fait du rapprochement , travail effectué , c'est-à-dire puissance de travail rendue libre. Nous avons vu qu'entre les différentes combinaisons possibles de plusieurs espèces de molécules , les plus stables sont les combinaisons qui, en se formant , donnent lieu à la plus grande quantité de puissance mécanique. Par conséquent , toutes les fois que des combinaisons se changeront en d'autres plus stables , il y aura nécessairement production de puissance. C'est ce que l'expérience vérifie toujours. Dans tous les effets chimiques qui se produisent spontanément, pour faire passer des molécules à des situations plus stables , il se produit de la puissance mécanique. Elle se manifeste ordinairement par de la chaleur.

Il faut , au contraire, employer de la puissance de travail ou de la chaleur pour changer des combinaisons stables en d'autres qui le sont moins.

Il résulte de là un moyen de mettre de la puissance de travail ou de la chaleur en réserve.

Employons du travail à transformer une combinaison chimique en d'autres moins stables , nous pourrons retrouver la puissance de ce travail , quand nous laisserons les combinaisons plus stables se refaire spontanément.

C'est là une grande et belle opération que la nature fait continuellement sur la terre.

Par le moyen des plantes , qu'il faut considérer plutôt comme des laboratoires que comme des machines , elle fait servir la puissance mécanique que le soleil envoie à la terre sous forme de chaleur rayonnante et de lumière , à décomposer un corps qu'on appelle acide carbonique, et à remplacer le groupement qui le constitue , par les groupements moins stables que les molécules de carbone et d'oxigène, qui composaient ce corps , peuvent former séparément. La puissance de travail venue du soleil, est ainsi emmagasinée, et se retrouve, quand on fait en sorte que l'acide carbonique se reforme ; c'est-à-dire quand on fait brûler le charbon fourni par la plante.

La nature met ainsi à la disposition de l'homme une grande quantité de chaleur ou puissance de travail.

Mais il y a plus, toute la chaleur des animaux et toute leur puissance de mouvement viennent de là. Leurs corps sont des foyers où le charbon produit par la plante, est brûlé, et de cette combustion résultent leur puissance de mouvement et la chaleur qui entretient leur vie.

Ainsi la plante recueille la puissance envoyée par le soleil, et l'animal la dépense.

124 *L'électricité et le magnétisme.* — On ne sait pas encore comment les effets de l'électricité et du magnétisme sont produits par les actions moléculaires ; mais on constate que ces effets sont conformes à la loi de la conservation de la puissance mécanique.

Une pile est un appareil au moyen duquel on peut recueillir et transporter au loin une puissance de travail produite par une réaction chimique, c'est-à-dire par la transformation de combinaisons en d'autres plus stables.

125 *Conclusion.* — Enfin cette vue d'ensemble, concentrée dans le cadre le plus resserré, nous montre que notre étude a établi les propositions principales et générales suivantes :

Quatre faits primordiaux sur la constitution de la matière et la loi fondamentale qui règle le mouvement, rendent compte de tout ce qui arrive dans le monde matériel.

La quantité de puissance de mouvement qui a été mise dans le monde est invariable. Tout ce que nous voyons se produire résulte de son action et des transformations qu'elle éprouve.

Les mouvements peuvent être divisés en trois catégories qui correspondent à des modes différents de perception.

Les changements de position des corps constituent la première catégorie des mouvements. Nous les percevons directement comme mouvements. A cette catégorie appartiennent les révolutions des planètes et les déplacements de corps que nous voyons se produire à la surface de la terre. Nous avons appris à déterminer ces mouvements.

Les corps peuvent éprouver, dans leur forme et dans la disposition de leurs parties, des changements successifs. Ces changements produisent les mouvements vibratoires et ondulatoires que les animaux perçoivent par l'intermédiaire de l'air, au moyen de l'organe de l'ouïe. Ils constituent le son.

La chaleur est le mouvement des molécules des corps autour de leur position d'équilibre. Ce mouvement représente, dans chaque corps, une quantité de puissance qui peut se transmettre d'un corps à l'autre et se transformer en mouvement d'une autre espèce.

Le mouvement moléculaire peut se transmettre à distance par l'intermédiaire de l'éther. Il forme alors la chaleur rayonnante.

Les animaux sont pourvus d'un organe qui est affecté d'une manière particulière par une partie de la chaleur rayonnante qu'on appelle lumière. La lumière émise ou renvoyée par les corps rend la présence de ces corps sensible pour les animaux. Elle fait voir.

La puissance de mouvement de l'être animé lui vient du soleil, et résulte de la décomposition et de la recomposition de l'acide carbonique de l'air. La décomposition se fait par la plante, qui recueille ainsi la puissance envoyée par le soleil sous forme de chaleur et de lumière, et la recomposition se fait dans le corps de l'animal, qui entre par là en possession de la puissance recueillie.

DÉVELOPPEMENTS

JUSTIFICATIFS.

—

NOTE *A*.

Sur les forces ou causes de mouvement.

Je ne vois pas d'autres forces ou causes de mouvement , dans le monde, que les actions des atômes de la matière les uns sur les autres, actions qui produisent la gravitation universelle et les affinités chimiques.

Les animaux semblent posséder une puissance de mouvement ; mais, comme on le verra dans la dernière partie de cet essai, ils tirent cette puissance des actions chimiques qui se produisent dans leur corps et par lesquelles leur vie s'entretient.

Les vitesses des corps en mouvement pourraient être considérées comme des causes de mouvement ou forces , puisqu'un corps animé d'une vitesse peut communiquer du mouvement à un autre corps , par un choc, ou par une traction; s'il est uni à ce corps par un lien. Mais la vitesse d'un corps, à moins qu'il n'ait été créé en mouvement , ne peut provenir elle-même , que de l'exercice d'actions moléculaires. D'ailleurs la communication de mouvement d'un corps à un autre ne se conçoit bien que par un développement de forces moléculaires que l'approche des corps fait naître. Quand un corps en rencontre un autre, le contact ne peut pas être réel, puisqu'il parait bien prouvé que les atômes de la matière sont toujours tenus à distance et ne peuvent se toucher. L'approche des deux corps fait naître une force de répulsion qui s'oppose au contact réel. Cette force pousse alors le corps qui est rencontré et retient celui qui rencontre. Il en résulte que le mouvement parait passer de l'un dans l'autre ; mais c'est toujours une action moléculaire qui produit le nouveau mouvement et détruit l'autre, en tout ou en partie.

La communication de mouvement par traction se conçoit de la même manière ; elle résulte de la force d'attraction que la tension fait naître entre les molécules du lien.

NOTE *B*.

Sur l'indépendance des effets des forces.

L'ancien enseignement de la mécanique ne faisait aucune mention de l'indépendance des effets des forces; mais il était néanmoins basé tacitement sur ce principe, qui n'est qu'une vérité d'expérience. On faisait dépendre la dynamique, ou théorie du mouvement, de la statique, qui est la théorie de l'équilibre ; mais pour établir les lois du mouvement, on était obligé d'admettre, comme un fait d'expérience, que les vitesses imprimées sont proportionnelles aux grandeurs des forces. C'était supposer l'indépendance des effets des forces, dont ce fait n'est que la conséquence.

La statique était présentée comme une science d'une vérité absolue, indépendante de l'expérience et de toute hypothèse. L'un de nos grands géomètres, Poisson, s'exprime ainsi dans son traité de mécanique, n° 193.

« La loi des vitesses proportionnelles aux forces et l'iner-
« tie de la matière sont les deux seules hypothèses sur les-
« quelles toute la dynamique est fondée ; mais à cet égard

« la théorie du mouvement est moins étendue que celle de
« l'équilibre ; car celle-ci ne dépend absolument d'aucune
« supposition »

C'était là une erreur , qui est maintenant , je crois , bien
reconnue : la statique est fondée , aussi bien que la dynamique , sur le principe d'expérience de l'indépendance des
effets des forces. En effet , dans la théorie de l'équilibre ,
on admet que les forces qui agissent dans la même direction,
ou suivant des directions exactement opposées , doivent s'a-
jouter ou se retrancher ; c'est évidemment supposer que les
forces , en agissant ensemble , ne se contrarient pas , ne se
gênent pas. Ainsi, par exemple , si on a deux forces égales ,
agissant ensemble d'un côté dans la même direction , et une
seule , agissant dans une direction opposée , on admet que
l'effet est le même que s'il n'y avait qu'une seule force d'un
côté ; n'est-ce pas admettre que les deux forces qui agissent
ensemble du même côté ne se gênent pas , c'est-à-dire agissent indépendamment l'une de l'autre ?

Pour se rendre compte de cette loi d'indépendance des
effets des forces , on peut concevoir que les choses se passent comme si les forces ajoutaient successivement , mais
brusquement, aux atomes , de petites vitesses toutes égales
entr'elles. Une force produirait alors, sur un atome, comme
une suite de chocs sans durée et tous égaux. La grandeur de
cette force serait mesurée par le nombre de chocs ou de vitesses égales qu'elle produirait pendant un certain temps ,
l'unité de temps par exemple. L'indépendance des effets se
concevrait bien ainsi, puisque les actions étant sans durée ,
il ne pourrait jamais y avoir coïncidence de deux actions.

NOTE *C*.

Sur le travail des forces.

Pour compléter et mieux établir les notions que j'ai données sur le travail mécanique, et pour bien montrer la com-

pensation d'effets qui doit avoir lieu dans les actions des forces, je crois utile de présenter ici ces notions d'une manière
un peu différente et d'y ajouter quelques explications.

Supposons qu'un mobile m, (fig 32,) soit sollicité dans la
direction A B par une force F, qui ne puisse agir que jusqu'au point B, c'est-à-dire cesse de produire son effet dès
que le mobile aura atteint ce point. Il semble que lorsque ce
mobile sera arrivé au point B, la puissance de mouvement
qui existait sera dépensée, et par suite, consommée, anéantie. Il n'en sera rien cependant , parce que la vitesse que la
force aura donnée au corps pendant qu'il aura été porté de
A en B , représentera la dépense de puissance faite et sera
capable , en disparaissant elle-même , de reproduire cette
puissance. En effet, comme la grandeur de l'action que peut
produire la vitesse d'un corps , ne peut pas dépendre de la
direction de cette vitesse , nous pouvons supposer qu'au
point B , la vitesse du corps m change brusquement de direction , pour ramener ce corps vers le point A, contre l'action de la force F, qui alors détruira peu à peu sa vitesse.
Il est clair que le corps sera ainsi ramené précisément jusqu'au point A, et qu'à ce point, sa vitesse sera complétement
détruite , s'il n'en avait pas lorsqu'il l'a d'abord quitté ; car
les effets de destruction de vitesse qui s'opéreront dans le
retour , seront exactement égaux aux effets de production
de vitesse qui se seront opérés primitivement, pendant que le
corps aura été amené du point A au point B. La vitesse d'un
corps est donc capable de rendre la puissance qui a été employée à la produire , puisqu'elle peut , contre l'action de la
force , ramener le corps au point d'où il est parti, et faire
par là, que cette action puisse ensuite s'exercer de nouveau,
comme la première fois. Ainsi la vitesse donnée à un corps
par une force réprésente exactement la puissance consommée par cette force , et peut la remplacer.

Supposons maintenant qu'au lieu d'une seule force , nous
en ayons deux P et Q, (fig 33,) agissant en sens contraire. En

vertu de l'indépendance des effets des forces, nous pourrons, si P est la plus grande des deux, la remplacer par une force Q égale à l'autre et par une force égale à la différence des deux. Quand le mobile m aura été transporté jusqu'en B, les effets des deux forces contraires Q s'étant toujours détruits, ces forces n'auront donné lieu à aucune vitesse. La vitesse qu'aura acquise le mobile proviendra uniquement de la force égale à l'excès de P sur Q. Cette vitesse ne représentera alors qu'une partie de la puissance dépensée par la force P. Le reste de cette puissance sera-t-il perdu ? Non, parce que dans le mouvement, le point d'application de la force Q, opposée à la force P, ayant été entraîné, la puissance de cette force Q aura été augmentée précisément de la quantité de puissance qui semblerait perdue par la force P ; car la force Q, qui ne pouvait agir primitivement, je le suppose que, de A en B', pourra maintenant agir de B en B'. Ainsi la puis-sance dépensée par la force P se retrouvera exactement dans la puissance représentée par la vitesse imprimée au corps et la puissance gagnée par la force Q.

Quand une force est ainsi entraînée, comme notre force Q, en sens contraire de sa direction, ce qui augmente sa puissance, l'effet produit se nomme un travail mécanique.

Le travail mécanique est de la nature de l'élévation d'un poids : car lorsqu'un poids est élevé, l'effet est bien un dé-placement du point d'application d'une force de pesanteur, en sens contraire de sa direction, de sa tendance vers la terre. On peut alors prendre l'élévation d'un poids pour terme de comparaison, et s'en servir pour l'évaluation du travail des forces.

J'ai dit que le travail fait sur une force, ou le travail fait par une force, se mesurait en multipliant la grandeur de la force exprimée en kilogrammes par la longueur du dépla-cement exprimé en mètres ; en sorte que le même travail peut résulter d'une force plus petite ou plus grande qu'une autre , si le déplacement de cette force est au contraire plus grand ou plus petit dans le même rapport, et, par exemple, qu'un travail de 10 kilog. élevés à 12^m est le même qu'un travail de 120 kilog. élevés à un mètre, qu'un travail de 60 kilog. élevés à 2^m, qu'un travail de 20 kilog. élevés à 6^m, etc. Il me semble qu'on se rend bien compte de cela de la manière suivante.

Voici un corps M de 10 kilog. (fig 34,) , suspendu à 12^m au dessus du sol. En descendant ces 12^m par l'effet d'un mouvement acquis , il pourra élever à la même hauteur un poids P de 10 kilogrammes, par l'intermédiaire d'une poulie et d'un cordon. Mais on peut supposer qu'après chaque descente d'un mètre opérée par le corps M, le cordon est allongé d'un mètre et attaché à un autre poids P de 10 kilogrammes, de manière qu'au lieu d'un poids de 10 kilog. élevés à 12 mètres , on aura 12 poids de 10 kilogammes ou 120 kilogrammes élevés à un mètre pour le travail mécanique produit par la descente du corps M. En supposant le cordon allongé et attaché à un nouveau poids après chaque descente de deux mètres, on aurait 60 kilogrammes , élevés à 2^m pour ce travail, etc.

Le travail fait ou la puissance dépensée par une force par suite d'un déplacement , comme dans le cas du poids M de 10. kilog descendant de 12 , peut donc produire un travail mécanique, ou gain de puissance, équivalent sur une autre force plus grande ou plus petite (1). Mais le chemin fait par cette force est alors plus petit ou plus grand dans le même rapport. Si la force est double , elle ne fait que la moitié du chemin fait par l'autre, le tiers si elle est triple ; un chemin

____

(1) Pour s'en rendre compte dans le cas d'une force plus petite, il faudra supposer que le corps M est divisible et que des parties égales de ce corps en descendant successivement, élèvent un poids égal à autant de fois 12^m qu'il y aura de ces parties.

décuple, si elle est dix fois plus petite, etc. On verra dans la 3e leçon, que c'est ce qui a lieu dans toutes les machines. Deux forces qui agissent l'une sur l'autre par l'intermédiaire d'une machine, peuvent être très inégales ; mais le travail dépensé par l'une et le travail produit sur l'autre, exprimés en kilogramètres, c'est-à-dire en multipliant la grandeur de la force par la longueur du chemin fait dans la direction de cette force, doivent être toujours égaux, pour que les forces puissent se faire équilibre. Il doit, pour tout mouvement, y avoir compensation entre la perte de puissance qui a lieu d'un côté et le gain de puissance qui a lieu de l'autre.

NOTE *D.*

Evaluation de la puissance mécanique représentée par la vitesse d'un corps.

Pour démontrer la règle que j'ai donnée au n° 18, pour évaluer la puissance mécanique représentée par la vitesse d'un corps, il faut établir comment on peut trouver la hauteur à laquelle cette vitesse ferait monter le corps contre l'action de la pesanteur, ou, ce qui est la même chose, de quelle hauteur le corps devrait tomber pour acquérir la même vitesse. Il est clair en effet que si un corps s'élève contre la pesanteur en vertu d'une vitesse qu'il a acquise en tombant d'une certaine hauteur, il remontera exactement à la même hauteur ; car toutes les actions qui se seront produites à la descente, pour lui donner sa vitesse, se produiront exactement de la même manière à la montée, pour la détruire.

Prenons maintenant un exemple : supposons que la vitesse de notre corps soit de 30^m. De quelle hauteur doit-il tomber pour acquérir cette vitesse ? Nous pouvons d'abord facilement trouver pendant combien de temps il doit tomber : il suffit de voir combien de fois le nombre 30 contient la vitesse que la pesanteur imprime dans chaque seconde. Si

cette vitesse est de 10^m, le temps de la chûte sera de 3 secondes, c'est-à-dire égal à 30 divisé par 10 ou a 30/10. Mais
comme la vitesse de 30 mètres sera acquise uniformément, le
résultat du mouvement sera le même que si pendant les 3
secondes, le corps avait une vitesse uniforme de la moitié
de 30^m, soit de 15^m; il faudra donc, pour calculer la hauteur
de la chûte, répéter 15^m trois fois, c'est-à-dire multiplier
30|2 par 30|10, ce qui donnera 45. Mais 30|2 multipliés par
30|10 c'est la même chose que 30 fois 30 divisé par 2 fois 10.
Pour avoir la hauteur de chûte correspondante à une vitesse,
il faut donc faire le carré de cette vitesse (1) et diviser par
le double de celle que la pesanteur imprime aux corps dans
l'unité de temps.

J'ai supposé égale à 10^m cette vitesse que la pesanteur
produit dans chaque seconde. Cela n'est pas exact; elle n'est
que de 9^m 81. Par conséquent ce n'est pas par deux fois 10
ou 20, mais par deux fois 9,81 ou 19,62, qu'il faudra diviser le carré d'une vitesse, pour avoir la hauteur de chûte correspondante.

Ayant la hauteur de chûte, pour avoir la puissance en kilogramètres, on multipliera, comme nous l'avons dit, cette
hauteur par le poids du corps en mouvement.

La règle ainsi établie pour évaluer la puissance représentée par la vitesse d'un corps, donne lieu à une remarque,
sur laquelle j'appelle l'attention ; c'est que cette puissance
n'est pas proportionnelle à la vitesse, mais bien au carré de
la vitesse. Elle est quadruple pour une vitesse double, neuf
fois plus grande pour une vitesse triple, cent fois plus grande
pour une vitesse décuple, etc. Il en résulte aussi que quand
une vitesse augmente, la puissance due à cette augmentation

(1) On sait que le carré d'un nombre est le résultat de la multi-
plication de ce nombre par lui-même, ainsi le carré de 5 est 5 fois
5 ou 25.

n'est pas la même pour une même augmentation , si la vitesse augmentée est différente. Ainsi la puissance d'un corps pesant un kilogramme et animé d'une vitesse de 5^m augmentera de 49 moins 25 divisé par 19,62, ou 24/19,62 kilogramètres, pour un accroissement de vitesse de 2^m, tandis que si la vitesse primitive est de 10^m, l'augmentation de puissance sera 144 moins 100 divisé par 19,62, ou 44/19,62 kilogramètres, pour un même accroissement de vitesse de 2^m, c'est-à-dire presque double. En un mot, il importe de bien s'en rappeler, les augmentations de puissance sont proportionnelles , non aux augmentations des vitesses, mais aux augmentations des carrés des vitesses.

NOTE *E*.

Démonstration générale de la loi de la conservation de la puissance mécanique.

Il s'agit de démontrer que la loi de la conservation de la puissance de travail ou puissance mécanique, telle que nous l'avons formulée, a lieu pour tout système ou assemblage de corps reliés d'une manière quelconque, soit entr'eux, soit à des points fixes, et mobiles, soit à des actions réciproques, soit à des forces extérieures.

Nous avons déjà établi cette conservation de puissance pour un corps soumis à deux forces opposées, agissant dans la direction du mouvement : nous avons vu que pour tout déplacement du corps , il y a une compensation exacte entre la puissance dépensée par l'une des forces , celle gagnée par l'autre, et l'accroissement ou la diminution de la puissance due à la vitesse du corps.

Les puissances de travail perdues ou gagnées par les forces se mesurent en faisant le produit des forces par la grandeur du déplacement , et la puissance de la vitesse s'évalue en multipliant le carré de cette vitesse par le poids du corps et en divisant par le nombre $19^m 62$.

Il est évident d'abord que la loi doit se vérifier encore, si au lieu de deux forces opposées seulement , nous en avons de chaque côté, un nombre quelconque, toujours dirigées dans la ligne du mouvement ; car , en vertu de l'indépendance des effets des forces , les effets de toutes les forces agissant d'un même côté pourront s'ajouter , et le résultat sera le même que s'il n'y avait de chaque côté qu'une seule force égale à la somme des forces agissant de ce côté.

Mais le plus souvent les forces n'agissent pas dans la direction du mouvement qui a lieu, soit parce que le corps a reçu une vitesse primitive dans une direction autre que celle de la force , soit parce qu'il est sollicité en même temps par plusieurs forces de directions différentes.

Voyons donc quel sera l'effet d'une force dirigée obliquement par rapport à la direction du mouvement qui a lieu.

Supposons que cette direction du mouvement soit M A et que M B soit celle de la force F.

Imaginons , pour un moment , que le mobile est obligé de suivre la direction M A, (fig. 35) comme si la ligne M A était une barre fixe et rigide , perçant le corps et lui permettant seulement de se mouvoir sans résistance dans sa direction. Nous pouvons , en construisant un parallélogramme rectangle sur la force F, la remplacer par deux autres P et Q, dirigées, l'une suivant le mouvement M A, l'autre perpendiculairement , puisque , comme cela a été établi au N° 8, ces deux forces feront le même effet que la force F. Il est évident que la force Q ne pourra rien produire ; car elle ne pourrait qu'écarter le corps M de la barre M A sur laquelle nous supposons qu'il est obligé de rester. Quant à la force P, elle aura librement tout son effet pour accroitre la vitesse du corps, et, quand ce corps sera arrivé jusqu'en A , par exemple , il y aura , comme nous le savons , compensation exacte entre la puissance qui sera gagnée par suite de l'accroissement de vitesse et la puissance qui sera consommée par suite du déplacement du point d'application de

la force P. puissance qui se mesurera en multipliant la longueur du chemin M A par la grandeur de la force P. Mais
la force P sera plus petite que la force F, dans un certain
rapport qui dépendra de l'ouverture de l'angle A M B. Supposons que cette ouverture soit telle que P ne soit que les
3|4 de F, la puissance dépensée ne sera que les 3|4 de celle
qui serait mesurée par le produit de la force F par le chemin M A. Elle sera égale au produit de cette force F par le
chemin M B qu'on obtient en menant la perpendiculaire A B
sur la direction de la force ; car si M P est les 3|4 de M F,
M B sera également les 3|4 de M A. On peut donc substi-
tuer au produit de P par M A , le produit de F par M B,
c'est-à-dire de la force entière par le chemin fait dans sa
direction; car M B représente bien la distance dont le corps
s'est avancé , ou le chemin fait dans le sens où la force F
le tire.

Ainsi, pour une force qui n'agit pas dans la direction que
le mobile est obligé de suivre , la compensation entre la
puissance gagnée par suite de l'accroissement de vitesse qui
est produit et la puissance dépensée par la force a toujours
lieu ; mais cette puissance dépensée doit être mesurée par
le chemin réellement fait dans la direction de cette force ,
chemin qui se trouve en menant de l'extrémité du déplacement une perpendiculaire sur cette direction. Ce chemin est
la projection du déplacement réel sur la direction de la
force.

Si la ligne M A, (fig. 36,) que le mobile est obligé de
suivre , au lieu d'être droite est courbe, nous pourrons supposer que la courbe résulte d'un grand nombre de très petites lignes droites, mises à la suite les unes des autres, pour
chacune desquelles nous évaluerons le chemin fait dans la
direction de la force comme nous venons de le dire. Pour le
premier élément de courbe M m', ce chemin sera M b, pour
le second élément m' m'', il sera m' b', pour le troisième
élément, il sera m'' b'', etc.

Si par suite du transport du mobile de M en A, la grandeur de la force n'a pas varié , nous pourrons ajouter tous ces petits chemins pour évaluer la puissance consommée , et comme leur somme sera égale à M B, cette puissance consommée sera égale au produit de la force F par le chemin M B, qui est le chemin total fait dans sa direction. Elle sera toujours remplacée par l'accroissement de vitesse que le mobile aura acquis au point A. Le chemin M B est encore ici la projection de la courbe M A sur la direction de la force. Cette projection ne dépend pas de la forme de la courbe.

Puisque la vitesse que le mobile aura au point A, ne dépendra que de la longueur M B, cette vitesse sera la même quelle que soit la forme du chemin qu'il suivra pour aller de M en A.

Si, au lieu d'une seule force, il y en a plusieurs agissant sur le mobile dans diverses directions, chacune d'elles produira son effet séparément, c'est-à-dire augmentera le carré de la vitesse d'une quantité proportionnelle à sa grandeur et au déplacemeut estimé suivant sa direction , ou diminuera ce carré de vitesse dans le même rapport , si ce déplacement ainsi estimé est opposé à la direction de la force. Dans tous les cas , il y aura une compensation exacte entre les sommes des puissances perdues ou gagnées.

Tout ceci suppose , il est vrai , qu'il y a une barre fixe , droite ou courbe, que le mobile est obligé de suivre ; mais il est très facile de comprendre que la même règle s'applique au cas où le mobile est complétement libre. En effet si M m' A, (fig 37,) est là courbe que suit librement le corps M sous l'action des différentes forces qui lui sout appliquées et d'une vitesse acquise , nous ne changerons évidemment rien à la vitesse finale et aux puissances dépensées ou gagnées par les forces en ajoutant au système , suivant la courbe M m' A, une barre ayant exactement la même forme :

le corps la suivra, pour ainsi dire sans la toucher, comme s'il y était lié, et nous nous retrouverons dans le cas que nous avons examiné.

Quand les forces varieront de grandeur et de direction, à mesure que le corps se déplacera, il faudra, pour évaluer les puissances perdues ou gagnées, faire ces sommes de nombres infinis de produits infiniment petits que la science sait faire, comme nous l'avons dit au N° 20. La loi de conservation de déplacement aura toujours lieu; car ayant lieu exactement pour chaque petit déplacement, elle aura lieu pour leur somme.

Ainsi, quand on ne considère qu'un seul corps, la conservation de puissance de travail a toujours lieu quels que soient le nombre des forces, leurs directions et les variations de grandeur et de direction qu'elles éprouvent avec le changement de position du corps.

Mais en général les corps de la nature ne peuvent pas être considérés isolément, soit parce qu'ils sont unis entr'eux par des liens, soit parce qu'il agissent les uns sur les autres par attraction ou par répulsion.

Quand deux corps agissent l'un sur l'autre, la loi de conservation de la puissance de mouvement ne peut pas s'établir pour chaque corps séparément, parce que la consommation ou l'accroissement de puissance qui a lieu pour la force d'attraction ou de répulsion réciproque, dépend à la fois des mouvements des deux corps.

Si les corps M et M', (fig 38,) s'attirent avec une force R dont la grandeur dépend de l'écartement de ces corps, le travail fait par la force R, par suite du mouvement du corps M, ne pourra pas être évalué indépendamment du déplacement du corps M', parce que ce déplacement fera varier la grandeur de la force. Il faudra nécessairement connaître le mouvement du corps M', pour évaluer le travail fait sur le corps M, à moins que la force R ne soit constante et indépendante de la distance de deux corps ; ce qui n'a jamais lieu dans la nature.

Mais si l'on prend les deux corps ensemble; c'est-à-dire , si l'on ajoute les gains et pertes de puissance concernant les deux corps , la loi de conservation de puissance aura lieu pour l'ensemble , en ajoutant le travail total de la force R à ceux des autres forces , s'il y en a.

En effet, admettons, pour un moment , que la force R, au lieu de varier d'une manière continue avec la distance M M', varie par petits changements brusques , correspondant à de petits changements de cette distance ; on pourra alors considérer cette force comme constante pour de très petits déplacements des masses M et M' , et la loi de conservation aura lieu pour chacune des masses séparément et , par conséquent , pour les deux prises ensemble. En ajoutant , pour le vérifier, les puissances consommées ou gagnées de chaque côté , on aura ajouté la force R multipliée par la distance M B à la même force multipliée par la distance M' B', c'est-à-dire qu'on aura la force R multipliée par la somme des distances M B et M' B'. Mais la somme de ces distances représente le rapprochement des deux corps ; car il est facile de voir que pour de très petits déplacements , la distance B B' est sensiblement égale à A A' et que cela sera d'autant plus vrai que nous supposerons les déplacements plus petits. Alors, dans notre somme de puissances perdues ou gagnées , où nous avons compensation, somme qui, avec les puissances dues aux vitesses , pourra comprendre celles dues à un nombre quelconque de forces extérieures, la force R entrera bien pour la puissance qu'elle aura dépensée réellement par suite du rapprochement de deux masses. Comme cela sera d'autant plus exact que nous opérerons par déplacemets plus petits, cela sera parfaite ment exact pour les déplacements infiniment petits qui correspondront au cas où la force R, au lieu de varier par changements brusques , variera d'une manière continue.

Si la loi de conservation de la puissance de mouvement pour l'ensemble de deux corps est parfaitement vraie pour deux déplacements conjugués infiniment petits , elle sera également vraie pour tonte somme de ces déplacements, c'est-à-dire pour tout mouvement.

Si au lieu de deux corps , on en a un nombre quelconque et si on ajoute ensemble ce qui les concerne tous , les quantités de puissance dépensées ou gagnées par chaque action mutuelle de deux corps , s'ajouteront , comme dans le cas précédent, et la loi de conservation de puissance se vérifiera de même , pour l'ensemble des vitesses de tous les corps , de toutes les forces extérieures et de toutes les actions réciproques.

Je fais remarquer que lorsque des corps seront unis par des liens inflexibles et de longueurs invariables , il sera inutile , pour la vérification de la loi , de s'occuper des actions qui auront lieu entre ces corps , puisque les distances restant invariables , les forces n'auront pu faire aucun travail.

Je fais encore observer que lorsqu'en passant d'une situation à une autre, deux corps , après s'être écartés ou rapprochés , auront repris la distance primitive qu'ils avaient en eux , il n'y aura pas lieu de tenir compte du travail fait par leur action réciproque , parce qu'elle aura nécessairement autant gagné de puissance qu'elle en aura perdu.

Quand des corps du système seront liés à des points fixes par des liens inflexibles et de longueur invariable , on ne devra pas avoir égard aux tensions qui auront pu se produire dans les liens , puisque les déplacements dans les directions de ces liens auront été impossibles.

Enfin si les corps sont assujettis à suivre des courbes fixes, il n'y aura pas lieu non plus de s'occuper des pressions qui seront exercées contre ces courbes, puisqu'elles ne pourront produire aucun déplacement dans le sens de leur direction, c'est-à-dire perpendiculairement aux courbes.

Ces explications suffiront sans doute pour montrer comment la loi de la conservation de la puissance de travail doit s'établir, et peut se vérifier, dans un assemblage de corps, reliés d'une manière quelconque et soumis à leurs actions réciproques et à des forces extérieures.

NOTE *F*.

Sur la courbe suivie par un mobile dans le cas de l'attraction vers un centre fixe.

Il est très facile, avec les premières notions de géométrie élémentaire, de voir que la trajectoire d'un mobile attiré vers un point fixe, est toujours symétrique, par rapport à tout rayon qu'elle coupe à angle droit. Il suffit pour cela de reconnaître que le polygone, par lequel la courbe est remplacée quand on suppose que l'attraction agit par petits chocs, est ainsi symétrique, par rapport à tout rayon qui fait des angles égaux avec deux côtés adjacents, parce que lorsqu'on passe du polygone à la courbe, ces deux côtés forment alors ensemble un élément perpendiculaire au rayon.

Supposons que O d, (fig 26,) soit le rayon qui fait des angles égaux O d c et O d e, avec les côtés c d et d e. Le mouvement s e étant parallèle au rayon O d, le triangle e d s est isocèle; car l'angle s est égal à l'angle O d c comme correspondant et l'angle s e d est égal à l'angle e d o comme alterne interne. On a donc e d $=$ s d et par suite e d $=$ d c puisque s d $=$ d c. Le triangle O d e est donc égal au triangle O d c et le rayon O e est égal au rayon O c.

Le triangle t e f est égal au triangle d c r, parce que le côté t e $=$ e d $=$ d c, que le mouvement t f est égal au mouvement r d comme correspondant à une distance O e égale à la distance O c et que les angles f t e et r d c sont égaux entr'eux comme étant égaux l'un à l'angle O e d, l'autre à l'angle O c d. Le côté e f est donc égal au côté c b puisque celui-ci égale c r. L'angle f e O étant de plus égal à l'angle

O c b, parce qu'ils sont égaux l'un à l'angle t f e et l'autre à son égal d r c, les deux triangles O e f et O c b sont égaux.

En continuant ainsi on établirait de même l'égalité de tous les triangles correspondants des deux parties du polygône situés de chaque côté du rayon O d; ce qui démontre bien la symétrie de ces parties.

On peut encore faire sur ce polygône une autre remarque très curieuse; c'est que tous les triangles O a b, O b c, O c d, etc. sont équivalents en surface. En effet le triangle O a b est équivalent au triangle O b q, qu'on formerait en joignant le point O au point q, et le triangle O b c est équivalent à ce même triangle, parce que la ligne q c est parallèle à O b; on verra de même que le triangle O c d est équivalent au triangle O b c et ainsi de suite. Mais ces différents triangles sont de petites surfaces, qui correspondent à des temps égaux; on voit donc que dans le mouvement d'un corps attiré vers un centre fixe, la surface décrite par le rayon qui joint le corps à ce centre d'attraction, croît uniformément avec le temps; c'est-à-dire que ce rayon décrit des aires égales dans des temps égaux, quelle que soit la loi de l'attraction. L'observation ayant fait reconnaître que cela avait lieu pour toutes les planètes par rapport au soleil, il a été démontré par là, que le mouvement de ces planétes est régi par l'attraction de cet astre.

NOTE G.

Sur le double mouvement d'un corps frappé.

J'ai dit, au N°. 66, que lorsqu'une force n'agit, pendant un certain temps, que sur une partie d'un corps, ce corps reçoit un double mouvement; que son centre prend le même mouvement que si la force y était appliquée, et que cette force fait en outre tourner le corps autour de ce centre comme s'il était fixe. Je vais essayer de rendre raison de cette loi du mouvement sur un exemple.

Considérons un corps M N, (fig 39,) formé de deux masses égales M et N unies par une tige parfaitement solide et rigide. Si une force égale à 2 agit au milieu de la tige, comme en A, pendant un certain temps, elle pourra être remplacée par deux forces égales à 1 agissant sur chacune des masses, comme en B. Ces masses prendront alors toutes les deux exactement le même mouvement et marcheront parallèlement.

Si la force égale à 2, au lieu d'être appliquée au milieu O est appliquée d'un côté seulement, comme en C, à la masse M par exemple, ajoutons à l'autre masse deux forces égales à 1 de direction contraire. Cela ne devra évidemment rien changer au mouvement, puisque les effets des deux forces ajoutées se détruiront ; mais au lieu du système C nous aurons le système équivalent D, qui se composera lui même du système E et du système F. En vertu de l'indépendance des effets des forces, les mouvements dus à chaque système de force devront se produire ensemble comme s'ils étaient seuls. Par le système E le centre O du corps sera transporté comme dans lo 1ᵉʳ cas A ou B, c'est-à-dire comme si la force 2 était appliquée à ce centre. Par le système F le centre O ne prendra évidemment aucun mouvement ; mais les deux masses M et N recevront des mouvements égaux et contraires, qui les feront tourner autour du centre O, comme si ce centre était fixe et qu'une force 2 fut appliquée à la masse M ; car, dans le cas de la fixité du centre, la force égale à 2 devrait bien partager son action entre les deux masses.

Puisque dans le second cas de l'exemple que nous examinons, nous avons un mouvement général E égal au mouvement B du premier cas, mais de plus un mouvement de rotation F, il doit, dans le second cas, se dépenser une

plus grande quantité de travail que dans le premier. Cela
est certain. Dans les circonstances de notre exemple, il s'en
dépensera le double, parce que la vitesse du mouvement de
rotation sera la même que celle du mouvement de translation. Pour d'autres circonstances, l'augmentation dépendra
du rapport des vitesses des deux mouvements.

NOTE *H*.

Démontrant que le temps d'une oscillation est indépendant de la grandeur du dérangement qui l'a produite, quand ce dérangement est très petit.

La démonstration de cette proposition est fondée sur le
principe suivant : Quand la grandeur d'une chose dépend de
celle d'une autre, l'accroissement de l'une des grandeurs
peut toujours être supposé proportionnel à l'accroissement
de l'autre, quelle que soit la véritable loi de dépendance,
pourvu qu'il ne s'agisse que d'accroissements très petits. Je
dois d'abord tâcher de faire bien comprendre ce principe.

Si la loi de dépendance de deux grandeurs x et y est con-
nue, elle sera établie, je le suppose, au moyen d'une table
qui, vis-à-vis chaque nombre exprimant une valeur de x, donnera la valeur de y correspondante. Nous pourrons remplacer cette table par une courbe tracée sur une feuille de pa-
pier. Pour cela nous prendrons deux lignes se coupant à
angle droit, (fig. 40.) Sur l'une nous porterons, de O en A,
un nombre d'unités de longueur, exprimant une des valeurs
x données par la table; sur l'autre ligne, nous porterons de
O en B, un nombre d'unités de longueur représentant la valeur de y correspondante, et en menant les deux lignes A m
et B m, nous déterminerons un point m. Faisant la même
chose pour toutes les autres valeurs correspondantes de la
table, nous aurons une suite de points, dont nous pourrons

former une courbe continue L *m* N, qui représentera la relation de nos quantités variables.

Si par hasard cette courbe se trouvait être une ligne droite, les accroissements des grandeurs y, en passant d'un point à un autre, seraient toujours exactement proportionnels aux accroissements des grandeurs x. Pour des accroissements de x, $m\,p'$, $m\,p''$, (fig. 41.) double ou triple d'un accroissement $m\,p$, on aurait des accroissements de y, $p'\,n'$, $p''\,n''$, double ou triple de l'accroissement $p\,n$. Cela est très facile à voir.

Si la courbe n'est pas une ligne droite, cela ne sera plus vrai. Cependant, si l'on ne considère que de très petits accroissements, cela sera encore à très peu près vrai, et d'autant plus vrai qu'il s'agira d'accroissements plus petits ; car une courbe quelconque, (fig 42,) peut toujours être remplacée, presque exactement, sur une petite étendue, par une ligue droite, qui ne ferait que la toucher au point *m* d'où l'on part. C'est là une conséquence de la continuité des courbes par lesquelles peuvent être représentées les lois de variation des quantités qui dépendent les unes des autres.

Ainsi, quand nous nous occuperons des oscillations d'un corps qui aura eté très peu écarté de sa position d'équilibre, nous n'aurons pas besoin de connaître la loi qui réglera l'action de la force qui se produira, et nous pourrons admettre que cette force variera à très peu près proportionnellement au dérangement ; qu'elle sera double pour un écartement double, triple pour un écartement triple, etc.

Ceci reconnu, on voit facilement pourquoi le temps d'une petite oscillation est indépendant de l'amplitude de cette oscillation, c'est-à-dire de la grandeur de la force.

Un corps écarté à un millimètre, par exemple, de sa position d'équilibre mettra un certain temps pour y repasser, c'est-à-dire pour exécuter sa demi-oscillation ; si au lieu d'un écartement d'un millimètre, on lui en fait faire un de trois millimètres , il sera ramené , comme dans le premier cas, vers la position d'équilibre, par une force variable de grandeur ; mais dans toutes ses variations , cette force sera triple de ce qu'elle aura été dans le premier cas ; elle imprimera par conséquent des vitesses triples ; c'est-à-dire fera marcher le mobile trois fois plus vite , et , dans le second cas , les trois millimètres seront ainsi parcourus dans le même temps qu'un seul millimètre dans le premier cas.

Le raisonnement suivant, tout trivial qu'il pourra paraître, me semble établir la loi d'une manière bien complète. Supposons qu'ayant attentivement examiné un mouvement d'oscillation et noté les vitesses imprimées et les espaces parcourus , nous recommencions le même examen avec des lunettes grossissant au triple , par exemple , il est clair que , pour les mêmes intervalles de temps , nous noterons triples vitesses imprimées et distances parcourues. A des écartements triples nous devrons juger qu'il correspond des forces triples, puisque nous verrons imprimer des vitesses triples ; c'est-à-dire que notre grossissement nous donnera cette proportionnalité des forces aux écartements , qui doit avoir lieu en effet , comme nous l'avons vu , pour les très petits déplacements. Nous pouvons en conclure qu'un mouvement d'oscillation correspondant à un écartement plus grand qu'un autre , mais toujours très petit , n'est réellement que le grossissement du mouvement dû à cet autre déplacement ; que tout doit être semblable dans les deux mouvements ; que les mêmes parties ou phases du mouvement, et par conséquent les oscillations complètes , doivent s'exécuter dans le même temps.

NOTE *I*.

Démontrant que la vitesse de propagation d'une ondulation est indépendante de la grandeur du mouvement propagé.

Pour reconnaître la cause de la loi énoncée , il est nécessaire , comme je l'ai dit au N° 74 , d'examiner d'abord comment se fait la communication du mouvement entre les corps.

Supposons qu'une boule en mouvement rencontre une boule de même grosseur et de même matière qui soit en repos , et que le choc soit exactement dirigé sur le centre de celle-ci , les deux boules se comprimeront , et de la compression naîtra une force qui poussera la seconde boule en avant et retardera la première. La compression et la force augmenteront tant que la première boule ira plus vite que la seconde. Comme les deux boules sont des masses égales, la force, agissant sur elles de la même manière, donnera autant de vitesse à l'une qu'elle en ôtera à l'autre. Par conséquent lorsque les vitesses seront égales , la première boule aura perdu la moitié de sa vitesse primitive. Alors la compression et la force de ressort qui en résultera n'augmenteront plus ; mais cette force de ressort continuera à agir, en poussant toujours la seconde et en retardant toujours la première, ce qui tendra à écarter les boules l'une de l'autre et à faire décroître la compression et la force. Les mêmes actions qui se sont produites dans la phase de tension, se reproduisant dans la phase de détente , l'effet de la détente sera de doubler la vitesse du second corps et d'enlever au premier la seconde moitié de celle qu'il avait. La première boule restera donc en repos , tandis que la seconde marchera avec la vitesse que celle-ci avait. L'effet du choc aura été de faire passer le mouvement de l'une dans l'autre. Vous savez que l'expérience vérifie ce résultat : dans le jeu de billard, une boule lancée contre une autre lui donne son mouvement et reste en repos.

Supposons qu'au lieu de deux boules nous en ayons une longue suite, placées à la file les unes des autres et à de petits intervalles. Si la première est seule mise en mouvement dans la direction de la file, elle perdra ce mouvement, en le communiquant à la seconde ; puis celle-ci le perdra à son tour en le communiquant à la troisième et ainsi de suite. La transmission du mouvement marchera d'un bout à l'autre de la file. La rapidité avec laquelle se fera cette marche dépendra du temps nécessaire pour que le mouvement passe d'une boule à une autre. Ce temps est indépendant de la grandeur du mouvement, c'est-à-dire de la grandeur de la vitesse donnée à la première boule. En effet supposons que cette vitesse soit doublée ; dans le même temps, elle produira un rapprochement double après le contact ; mais ce rapprochement double donnera lieu lui même à une force double, en vertu de la proportionnalité des forces aux petits déplacements, établie dans la note H. La force double produira une diminution double dans la vitesse du premier corps. Puisque la vitesse perd double quand elle est double, triple quand elle est triple, etc, elle sera donc toujours annulée dans le même temps.

C'est pour cela que la vitesse de propagation des ondulations ou mouvements de forme dans les corps est indépendante de la grandeur de ces mouvements. Toutes les parties d'un mouvement aussi compliqué qu'on voudra, qui se propage dans un corps, se transmettent partout dans les mêmes intervalles de temps qu'au départ, pourvu, cependant, que la nature du corps ne change pas d'un endroit à un autre.

NOTE *K*.

Idées sur la nature de l'électricité et sur les [causes des actions chimiques.

Les idées que je me suis faites sur la nature de l'électri‑
cité et celles que j'y rattache pour me rendre compte des ac‑
tions chimiques , ne forment , il est vrai , qu'un système à
priori , dont il ne m'est pas possible, jusqu'à présent, d'éta‑
blir la vérité d'une manière certaine. Mais ces idées don‑
nent des explications si simples , si nettes , et si com‑
plètes de tous les faits qui se produisent , qu'il me semble
impossible de ne pas admettre qu'elles doivent avoir de
grands rapports avec la vérité. Des analogies telles que cel‑
les qui me paraissent exister entre mes idées et la cause des
faits , quelle qu'elle soit , méritent , je crois , qu'on les exa‑
mine ; car c'est très souvent l'analogie qui conduit à la dé‑
couverte du vrai.

J'ai déjà expliqué sommairement ces idées , il y a quel‑
ques années , dans deux ou trois notes , envoyées à un petit
nombre de personnes, et je me propose de les présenter dans
une petite publication spéciale , avec les développements
nécessaires pour les faire bien connaître. Je vais néanmoins
essayer d'en donner ici un aperçu.

L'existence de l'éther , cette matière très subtile , qui doit
remplir tout l'espace , est incontestablement prouvée par la
théorie de la lumière. Mais si l'éther existe , est-il conce‑
vable qu'il n'ait pas d'autre fonction , dans le système du
monde, que celle de porter la chaleur et la lumière d'un corps
à un autre ? L'air atmosphérique , qui enveloppe seulement
notre globe , a bien d'autres fonctions que celle de trans‑
porter les mouvements vibratoires qui produisent les sons.
L'éther , qui remplit le monde , ne doit-il pas en avoir de
plus importantes encore ? D'ailleurs , est-il possible d'ad‑

mettre que les actions physiques et chimiques des corps soient indépendantes du milieu général dans lequel tout est plongé ?

Pour moi l'éther est la principale cause des grands phénomènes physiques et la base de la constitution des corps.

Il est très facile de démontrer qu'un corps matériel qui n'a aucune action sur l'éther, doit nécessairement, pour que l'équilibre de répulsion dans le milieu puisse subsister, être enveloppé d'une couche extrêmement mince de molécules d'éther, égales en nombre à celles qui seraient contenues dans un volume du milieu égal à celui du corps.

Tous les corps ayant ainsi autour d'eux une mince atmosphère d'éther, on conçoit que, par quelque moyen mécanique, comme le frottement, on pourra faire varier, en plus ou en moins, les quantités d'éther accumulées à leurs surfaces, s'ils sont placés au milieu d'un autre corps fluide, comme l'air atmosphérique, dans lequel l'éther ne puisse pas se mouvoir librement. On reconnait alors que ces variations devront donner lieu à des ruptures d'équilibre, et que les corps devront paraître agir par attraction ou par répulsion; et, avec un peu d'attention et en tenant compte de l'effet du milieu, on voit que ces actions seront exactement celles que l'on observe dans les phénomènes de l'électricité statique. Puisque des actions exactement semblables à celles de l'électricité sont des conséquences nécessaires de l'existence de l'éther, peut-on, si l'on admet que l'éther existe, se refuser à admettre aussi qu'il est l'agent de l'électricité ?

Les rapports des actions chimiques aux actions électriques sont incontestables. Ces rapports se voient directement par les effets de la pile, et tous les faits dus aux affinités chimiques, se passent, comme si les molécules des corps étaient électrisées, les unes positivement les autres négativement et que certaines molécules pussent prendre, suivant les circonstances, l'état positif ou l'état négatif.

Une hypothèse très simple sur la formation de la matière

m'explique ces différents états des molécules. Elle consiste à admettre qu'il n'y a , dans le monde , que deux espèces d'atômes : les atômes de l'éther, qui , étant en excès , remplissent tout l'espace , comme nous le savons, et des atômes d'une autre espèce , qui , par leur union avec des atômes d'éther , forment tous les corps.

L'union à distance a lieu , parce que les atômes d'espèce contraire s'attirent , tandis que les atômes de même espèce se repoussent , et qu'il y a une petite différence entre la loi d'attraction et la loi de répulsion.

Cette union se fait par des groupements de plusieurs ordres.

Les groupements du premier ordre constituent les molécules simples et sont, pour nous, indécomposables. Ces groupements se font en séries de polyèdres réguliers. La nécessité de la régularité empêche qu'il y ait compensation exacte entre les actions des deux espèces d'atômes groupés ensemble. De là des états positifs ou négatifs, par rapport à l'éther, et les affinités réciproques des molécules. Une série d'atômes d'éther de plus ou de moins fait passer une molécule simple de l'état négatif à l'état positif, ou réciproquement; en sorte qu'un même corps simple peut jouer deux rôles.

Cette vue sur la formation de la matière admise , tous les faits de la chimie s'expliquent très facilement et complétement.

La même vue explique aussi très simplement la production des courants électriques par les actions chimiques. Quand deux corps qui peuvent agir chimiquement l'un sur l'autre pour produire un autre corps, sont mis en contact , la combinaison qui s'opère trouble l'équilibre dans les atmosphères d'éther qui enveloppent les deux corps , parce que les molécules qui s'unissent devant prendre pour cela des états contraires, emportent d'un coté un excès d'éther , tandis qu'elles en abandonnent de l'autre. Il en résulte un déficit d'éther sur l'un des corps et un excès sur l'autre , et , par conséquent , deux états électriques contraires , qui arrêteraient bientot l'action chimique. Mais, si l'on unit les deux corps par un fil extérieur très bon conducteur , l'équilibre se rétablit par un courant qui , en suivant le fil, porte l'éther qui est en excès d'un côté, à l'autre coté, où il est en déficit.

Les courants qui s'établissent de cette manière paraissent formés de petites ondulations, dont le passage excite des mouvements dans l'éther du milieu où le fil se trouve placé. Si on admet que ces mouvements sont de petits tourbillons, on voit tous les effets des courants électriques et des aimants s'expliquer avec une exactitude et une netteté parfaite. Il serait bien étonnant qu'une telle coïncidence n'indiquât pas quelques rapports avec la vérité.

FIN.

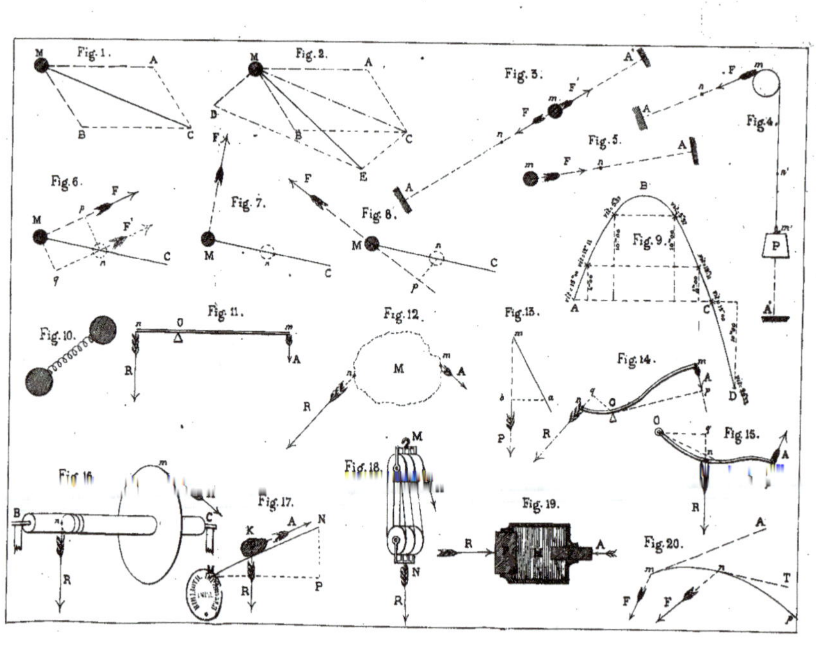

Fig. 1.
Fig. 2.
Fig. 3.
Fig. 4.
Fig. 5.
Fig. 6.
Fig. 7.
Fig. 8.
Fig. 9.
Fig. 10.
Fig. 11.
Fig. 12.
Fig. 13.
Fig. 14.
Fig. 15.
Fig. 16.
Fig. 17.
Fig. 18.
Fig. 19.
Fig. 20.

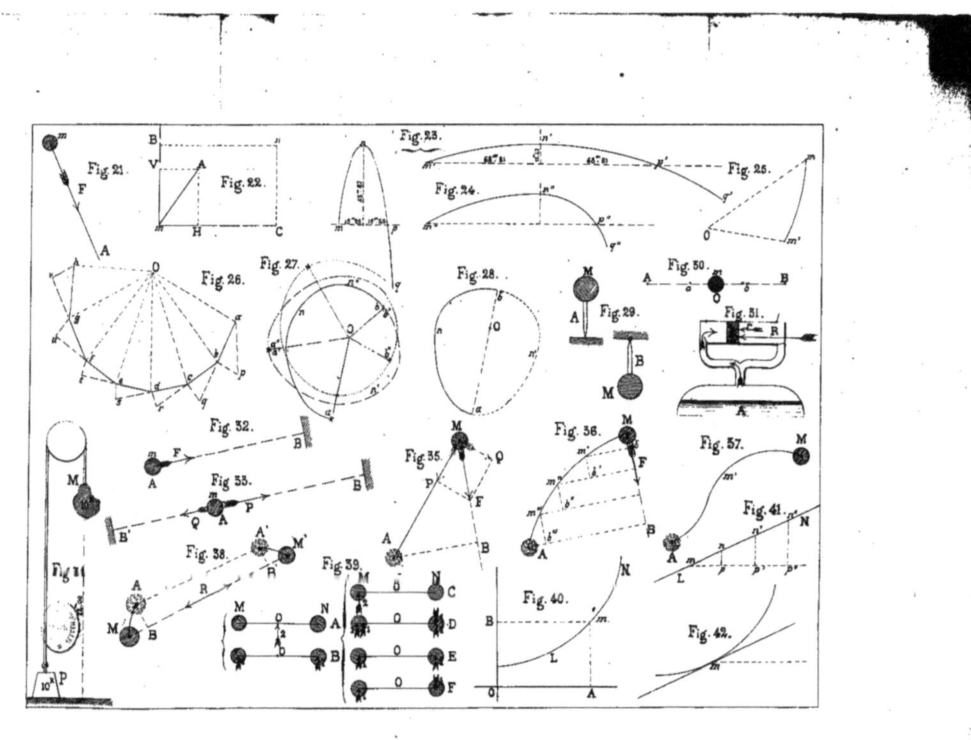

TABLE DES MATIÈRES.

—

Quelques développements justificatifs.